CO_2高温固体吸附剂

陕绍云　胡天丁　支云飞　著

北　京

冶金工业出版社

2021

内 容 提 要

随着工业化进程加快，全球气候环境逐步恶劣，二氧化碳成为最受关注的温室气体，如何实现二氧化碳的减排也成为当今亟待解决的问题。本书在系统介绍各类二氧化碳高温吸附剂研究进展的基础上，阐述了各类二氧化碳高温吸附剂的制备及改性方法，重点介绍了各种废弃物衍生的固体吸附剂吸附二氧化碳性能，并首次总结了昆明理工大学化学工程学院林资源高效转化与利用创新团队近 10 年来在二氧化碳高温固体吸附剂开发领域的研究工作。此外，还对负载型、掺杂型二氧化碳高温吸附剂研究作出了简要介绍。

本书适合从事二氧化碳吸附剂开发的专业研究人员和工程技术人员阅读，同时也可作为固体材料合成、改性及应用领域研究人员的参考书。

图书在版编目(CIP)数据

CO_2 高温固体吸附剂/陕绍云，胡天丁，支云飞著. —
北京：冶金工业出版社，2021.3
ISBN 978-7-5024-8765-2

Ⅰ.①C⋯ Ⅱ.①陕⋯ ②胡⋯ ③支⋯ Ⅲ.①二氧
化碳—固体吸附—吸附剂 Ⅳ.①TB61

中国版本图书馆 CIP 数据核字(2021)第 047248 号

出 版 人　苏长永
地　　址　北京市东城区嵩祝院北巷 39 号　邮编　100009　电话　(010)64027926
网　　址　www.cnmip.com.cn　电子邮箱　yjcbs@cnmip.com.cn
责任编辑　郭雅欣　美术编辑　吕欣童　版式设计　郑小利
责任校对　梁江凤　责任印制　李玉山
ISBN 978-7-5024-8765-2
冶金工业出版社出版发行；各地新华书店经销；北京建宏印刷有限公司印刷
2021 年 3 月第 1 版，2021 年 3 月第 1 次印刷
710mm×1000mm　1/16；10.25 印张；197 千字；154 页
63.00 元

冶金工业出版社　投稿电话　(010)64027932　投稿邮箱　tougao@cnmip.com.cn
冶金工业出版社营销中心　电话　(010)64044283　传真　(010)64027893
冶金工业出版社天猫旗舰店　yjgycbs.tmall.com
(本书如有印装质量问题，本社营销中心负责退换)

前　言

　　气候变暖是国际社会公认的全球性环境问题，主要原因是人类进入工业化时代以后，大气中温室气体的浓度逐步上升，降低了地球向空间辐射热量的能力，进而加剧了大气层原有的温室效应。但是，由于二氧化碳排放量大、减排技术经济性差、难推广，减排与经济发展已经产生尖锐的矛盾。如何实现二氧化碳减排是世界各国政府、学术界和产业界共同关心的议题。开发高性能吸附剂有效去除二氧化碳是解决上述难题的主要方案之一，已经成为化学、化工领域的研究热点。鉴于此，我们结合自身近10年来在二氧化碳高温固体吸附剂开发领域的探索工作编写此书，重点介绍了二氧化碳高温固体吸附剂开发的新知识和新方法，为实现世界二氧化碳减排添砖加瓦。

　　本书由昆明理工大学化学工程学院林资源高效转化与利用创新团队的陕绍云教授、胡天丁博士设计框架结构并统一修改、定稿，支云飞博士为本书的最终定稿作出了卓有成效的贡献，蒋丽红教授、苏红莹博士为本书研究工作的开展提供了有价值的指导。本书共6章，第1章由胡天丁博士撰写，详细介绍了各类二氧化碳高温吸附剂的研究历史与进展，列举了最近经典的研究成果，并作出了适当的评述；第2~4章由陕绍云教授撰写，介绍了各类废弃物衍生固体吸附剂吸附二氧化碳性能；第5章由胡天丁博士撰写，阐述了负载型高温固体二氧化碳吸附剂的制备研究；第6章由支云飞博士撰写，侧重于掺杂型固体二氧化碳吸附剂的研究；排版部分由罗晓菲、杨欢、袁竞优、顾碧娇、张楚茹、刘云利、李珍同学共同完成。全书内容丰富、图文并茂、层次合理，适合从事二氧化碳吸附剂开发的专业研究人员和工程技术人员阅读。

　　本书得以出版与林资源高效转化与利用创新团队成员的努力密不可分，诚挚感谢他们对本书的付出！与此同时，感谢昆明理工大学化学工程学院提供了良好的实验研究平台！本书在出版过程中得到了国家自然科学基金（项目号：21766016 和 22068023）、云南省万人计划青年拔尖人才（项目号：2019-1-G-25318000003480）、云南省学术带头人后备人才（项目号：2015HB014）和倪永浩院士工作站（项目号：2019IC002）等项目的资助，在此一并感谢！

　　由于作者水平所限，书中不足之处，欢迎读者批评指正。

陕绍云　胡天丁　支云飞

2021 年 3 月

目　　录

1 绪 论

1.1 概述

近年来，随着世界经济的快速发展，工业化进程不断加快，CO_2 的排放量日益增加，由此引发的温室效应已成为一个全球性的问题。2020 年全球 CO_2 排放量达 340 亿吨，人为排放 CO_2 是造成温室效应的最主要原因。随着人类对能源需求量的增加，高碳排放严重威胁人类的生活。因此，有效控制 CO_2 的排放成为科学家们研究的一个重要课题。为减少 CO_2 排放，研究者们研究了各种去除 CO_2 的方法，如吸附、膜分离、氨水吸收等[1]，但是由于以上方法具有操作复杂、处理效果差、能耗较高等缺点没有被广泛应用。近年来，采用吸附法捕集 CO_2 由于具有许多优点受到广泛的关注[2]。

为了实现经济可行性，吸附材料应具有优异的 CO_2 吸附性能。这些性能包括：较大的 CO_2 吸附容量、较高的 CO_2 吸附选择性、较快的吸附动力学、较好的吸附再生性能和良好的循环吸附性能。此外，考虑到成本效益，吸附剂稳定性对于 CO_2 捕获至关重要，因为它控制着材料的寿命。吸附剂的稳定性是一个多方面的问题，包括长期热稳定性、水热稳定性、化学稳定性和机械稳定性[3]。目前用于 CO_2 捕获的吸附剂按操作温度主要可分为低温吸附剂（低于 200℃）、中温吸附剂（200~400℃）和高温吸附剂（高于 400℃）。低温固体吸附剂包括碳基吸附剂、沸石基吸附剂、金属–有机框架吸附剂、碱金属碳酸盐吸附剂和固体胺吸附剂。中温固体吸附剂主要有水滑石类的化合物或阴离子黏土等。高温固体吸附剂包括钙基吸附剂和碱金属陶瓷吸附剂。总体来说，从发电厂等高温炉中排放的气体温度较高，对烟气中 CO_2 的分离通常要经过降温等一系列处理，给发电厂带来较为严重的能量损失，相当于减少了 13%~37% 的净发电量，增加了吸附 CO_2 所需的成本。因此有针对性地研究可以在高温下实现可逆吸附 CO_2 的性能优良的材料，从而减少从高温炉中 CO_2 气体的排放具有十分重要的实际应用价值。

高温 CO_2 吸附剂主要是基于金属氧化物与 CO_2 气体发生化学反应，反应生成的金属碳酸盐在高温下重新分解为金属氧化物和 CO_2，从而实现 CO_2 的回收和吸附剂再生利用。固体吸附剂具有比表面积大、工艺简单、力学性能强、易再生等优点。特别对于高温固体 CO_2 吸附，工厂排放的高温气体无须冷却，从而避免大量的能量损失，降低成本。ZnO、CuO、MnO、PbO、Li_2O 和 CaO 等金属氧化物都具有类似的反应特性，因此广泛用于 CO_2 的捕集。基于反应温度、再生温度、反应速率和吸附能力等方面的考虑，目前锂基吸附剂和钙基吸附剂是高温 CO_2 吸附剂的研究重点。主要的锂基吸附剂有 Li_2ZrO_3、Li_4SiO_4 和 Li_2CuO_2 等。

1.2 金属氧化物类吸附剂

1.2.1 CaO

CaO 材料通常由天然石灰石煅烧而来，具有原料来源广、容易制备、制备成本低、使用寿命较长、抗磨特性良好、循环使用率高和 CO_2 吸附性能优良等优点。在 CaO 的转化率达到 100% 的理想状况下其吸附量可达 78.6%。因此，CaO 是高温 CO_2 吸附剂的首选材料，且一直受到广泛关注。$CaCO_3$ 在高温下易受热分解，生成具有高比表面积的多孔 CaO。CaO 与 CO_2 发生反应生成 $CaCO_3$。同时，将生成的 $CaCO_3$ 进行煅烧又可以生成 CaO 和 CO_2。其中生成的 CO_2 因纯度较高可以直接存储，而重新生成的 CaO 也可以继续吸附 CO_2，如此循环利用 CaO 可降低吸附剂的成本，也易于实现工业化。循环吸附反应方程式如下：

$$CaCO_3 \longrightarrow CaO + CO_2 \tag{1-1}$$

$$CaO + CO_2 \longrightarrow CaCO_3 \tag{1-2}$$

CaO 颗粒与 CO_2 反应时在颗粒表面形成 $CaCO_3$ 产物层，对 CO_2 分子进一步扩散到 CaO 颗粒内部起到阻碍作用，影响了 CO_2 与 CaO 的反应，从而导致 CaO 的转化率下降。由于 $CaCO_3$ 与 CaO 的摩尔体积不同（CaO 的摩尔体积为 $17cm^3/mol$，$CaCO_3$ 的摩尔体积为 $37cm^3/mol$），产生的高容积 $CaCO_3$ 会不断地填充 CaO 的孔隙，使得 CaO 的反应能力下降，特别是在小孔和孔口处极易造成堵塞，使 CO_2 不能在 CaO 的内部进行反应，从而导致 CaO 的实际碳酸化转化率远低于 100%。反应完全的钙基吸附剂在 800~900℃ 下煅烧，$CaCO_3$ 分解为 CO_2 和 CaO，实现吸附剂的再生利用。但煅烧温度太高（超过 900℃），生成的新 CaO 颗粒容易烧结，引起比表面积和孔隙率下降，从而也降低 CO_2 的吸附能力[4]。钙基吸附剂在多次循环使用后转化率会迅速降低。例如：Abanades 在流化床上以 CaO 作为吸附剂[4]，对高温烟气进行 CO_2 分离处理，经过 11 次反应循环，CaO 的转化率由开始的 70% 下降到了 20%。因此，很多研究者针对改进钙基吸附剂的缺点进行了广泛深入的研究。

Gupta 认为 CaO 颗粒直径在非纳米级时[5]，颗粒本身的孔隙结构对转化率影响很大，具体表现为：当 CaO 表面的孔隙分布在微孔孔隙范围内（小于 2nm）时，反应中形成的 $CaCO_3$ 产物的摩尔体积比增长所引起的孔隙堵塞就非常的敏感。如果初始孔隙处于 5~20nm 的范围内，对碳酸化反应所引起的堵塞则不太敏感；在大于 20nm 范围内，CaO 孔隙比表面积和孔容积会急剧减小。因此，通过优化 CaO 孔结构分布特性的方法，来减少碳酸化反应过程中所形成的不可进入孔的数量，提高孔隙利用率，可以使 CaO 具有较高的吸附 CO_2 的能力。Iyer[5]对沉淀碳酸钙进行结构改性，制备的钙基吸附剂孔径为 $5\sim20$nm，表面积为 49.2m^2/g，孔容为 0.17cm^3/g，该钙基吸附剂在 10% CO_2 气氛下、700℃ 高温下反应性能良好。Barker[6]用直径 10μm 的 CaO 微米颗粒进行了 CO_2 的循环吸附实验，发现 CaO 的 CO_2 吸附量从第 1 次的 59% 下降到了第 25 次的 8%。而在纯 CO_2 气氛下、577℃ 时，Barker 用直径 10nm 的 CaO 纳米颗粒进行了 30 次的循环反应试验，发现 CaO 的转化率和吸附性能均没有下降，转化率一直保持在 93%，吸附率保持在 73%。

此外，为了提高钙基吸附剂吸附 CO_2 的能力，添加少量的催化剂可以明显地改善 CaO 的吸附性能和循环使用寿命。Reddy 等人[7]在 CaO 中加入碱金属离子可提高 CO_2 的吸附能力，发现 CaO 吸附 CO_2 的能力提高了，其中 Cs 的化合物是效果最好的添加剂。Li 等人[8]用 $Ca_{12}Al_{14}O_{33}$ 作为载体和添加剂，制备了 CaO/$Ca_{12}Al_{14}O_{33}$ 吸附剂，该吸附剂具有较高的比表面积、孔隙率和抗烧结能力，在 20% CO_2 中，于 700℃ 下该吸附剂经过 50 次循环吸附反应，仍保持 40%（质量分数）以上的吸附能力。赵长遂等人[9]采用乙酸溶液对 CaO 进行乙酸化调质，反应后形成乙酸钙，把乙酸钙作为一种新型的 CO_2 吸附剂。碳酸化温度在 $650\sim700$℃ 时乙酸钙具有很高的循环碳酸化特性，经过 15 次循环后，碳酸化转化率高达 54%，而石灰石经 8 次循环转化率就降为 30% 左右。

尽管高温钙基 CO_2 吸附剂具有吸附容量高、原料丰富、廉价易得等优点，但其塔曼温度较低、易烧结，随着循环反应次数的增加，CO_2 吸附能力逐渐下降。因此提高其抗烧结性能成为进一步提高钙基吸附剂性能的关键。

1.2.2 Li₂ZrO₃

1997 年日本的 Nakagawa 等人[10~12]首次研究了可用于高温下直接吸附 CO_2 的锆酸锂材料。KATO 等人制备的 Li_2ZrO_3 材料可在 $450\sim700$℃ 下直接吸附 CO_2。制备 Li_2ZrO_3 常用的方法有高温固相法和溶胶-凝胶法。王银杰等人采用高温固相法于 800℃ 下把质量比为 $1:1$ 的 ZrO_2（四方相）和 Li_2CO_3 进行混合，并煅烧 6h 制备出 Li_2ZrO_3 材料。合成条件较文献报道[13-15]（900℃，10h）略有改善。锆酸锂吸附剂在 20% CO_2（80% 空气）气氛下，于 500℃ 下保持 3h，吸附量达到 $25\%\pm0.6\%$（质量分数）。采用固相法制备掺钾 Li_2ZrO_3，需要高温长时间焙烧才能得到良好的晶型，且固相法在制备过程中易引入杂质。袁文辉等人[16]用柠檬酸-乙二醇络合法，以硝酸锂、硝酸氧锆、硝酸钾为原料制备了掺钾 Li_2ZrO_3 超细晶体粉，前驱体在 800℃ 焙烧 150min 得到晶型最好的 Li_2ZrO_3 粉末。该 Li_2ZrO_3

粉末在 500℃ 下，当 CO_2 流量为 15cm³/min 时，90min 样品吸附 CO_2 量可达 29.5%。因此此制备方法既有利于合成粒度均匀、化学组成均匀的掺钾 Li_2ZrO_3 粉末，又能有效降低能源消耗，且由该方法制备的锆酸锂吸附 CO_2 的性能比较好。Nakagawa 通过大量实验，发现锆酸锂吸附 CO_2 是一个可逆过程，其反应的自由能变化 ΔG 随着温度和 CO_2 分压的变化而变化。随着反应温度的升高，反应速率逐渐加快，材料样品质量逐渐增加，当温度达到 500℃ 时，很快达到吸附平衡。

王银杰等人[17]用不同结构的 ZrO_2 合成了一系列在高温下吸附 CO_2 的 Li_2ZrO_3 材料，并详细地研究了反应物的物理和化学性质对生成物吸附 CO_2 性能的影响。实验结果表明，用四方相的 ZrO_2 合成 Li_2ZrO_3 具有较好的吸附性能且吸附 CO_2 的速率较快，而由单斜相 ZrO_2 合成的 Li_2ZrO_3 吸附性能较差。在 500℃ 下，20% CO_2（80%空气）的气氛中保持 3h，其吸附量可达 25%±0.6%，而以 ZrO_2（单斜）为原料制备的 Li_2ZrO_3 在上述吸附条件下质量仅增加 9%±0.6%，需要保持 20h 以上吸附量才能达到 25%±0.6%。ZrO_2 的含量一定时，其颗粒尺寸越小，合成出来的 Li_2ZrO_3 材料的比表面积越大，吸附 CO_2 的性能也越好。1μm 的 ZrO_2 颗粒合成的 Li_2ZrO_3 吸附 CO_2 的速率相当于 45μm 时的 3 倍，由纳米级 ZrO_2 为原料合成的 Li_2ZrO_3 材料，其吸附速率明显快于由微米级 ZrO_2 为原料合成的 Li_2ZrO_3 材料[18]。因此，采用纳米级的 ZrO_2 为原料，可增加 Li_2ZrO_3 材料的比表面积，提高材料吸附 CO_2 的速率。

为了提高反应的速率，有时可以加入一些催化剂。K、Na、Mg 元素的掺杂通常可提高 CO_2 的吸附速率，且随着掺入量的增大，材料的吸附速率逐渐增大，这是由于 K^+、Na^+、Mg^+ 的离子半径大于 Li^+ 的离子半径，K、Na、Mg 元素的掺杂导致材料结构发生变化，使结构中形成缺陷，而缺陷的形成有助于提高材料的活性，使材料易于发生反应，表现为材料吸附 CO_2 的速率提高了。以 $n(ZrO_2)$：$n(Li_2CO_3)$：$n(K_2CO_3) = 1：1：x$（摩尔比）的比例制备 $Li_2K_{2x}ZrO_3$ 材料，当 K_2CO_3 的掺杂量 $x = 0.03$ 时，制备的材料具有较快的吸附速率和较大的吸附容量，而且材料的循环性能较好，经过 18 次循环后，材料的吸附量仅衰减 1.1%左右[18]。

合成温度和吸附温度对锆酸锂材料吸附 CO_2 的性能有明显的影响。不同温度下制备的 Li_2ZrO_3 材料的结构和表面形貌不同，其吸附 CO_2 的性能也不同，尤其是在 800℃ 合成的 Li_2ZrO_3 材料吸附性能比较好，随着合成温度的升高，所得到的 Li_2ZrO_3 材料吸附 CO_2 的能力会逐渐降低。由于热力学和动力学的因素，温度对 CO_2 吸附速率也有影响，500℃ 时 Li_2ZrO_3 材料具有最佳的 CO_2 吸附性能。温度太低，Li_2ZrO_3 与 CO_2 的反应不能进行或反应不完全，温度太高，Li_2O 又易挥发。

1.2.3 Li$_4$SiO$_4$

近年来，Nakagawa 等人已经对高温下 Li$_4$SiO$_4$ 吸附 CO$_2$ 的性能进行了研究。结果表明，Li$_4$SiO$_4$ 是一种优良的 CO$_2$ 固体吸附剂。在 500℃、20%CO$_2$ 的条件下，Li$_4$SiO$_4$ 的吸附速率比 Li$_2$ZrO$_3$ 快了将近 30 倍，同时吸附能力也更强。在 CO$_2$ 浓度为 20% 的条件下，1g 硅酸锂每分钟可吸附 62mg CO$_2$，而现有的陶瓷材料每分钟只能吸附 1.8mg CO$_2$。Li$_4$SiO$_4$ 在温度高于 900℃ 时会分解为 Li$_2$SiO$_3$ 和 Li$_2$O 气体[19]。Li$_4$SiO$_4$ 材料吸附 CO$_2$ 的过程是一个可逆过程，吸附 CO$_2$ 后不能完全变成 SiO$_2$ 和 Li$_2$CO$_3$，有一部分 Li 没有发生反应。可逆反应的反应机理是硅酸锂中含有易与 CO$_2$ 反应的氧化锂（Li$_2$O），由于不同氧化物分子进出氧化锂，从而反复的吸附或放出 CO$_2$。将这类硅酸锂材料做成多孔体，在 500℃ 以上同含有 CO$_2$ 的气体接触时发生化学反应，CO$_2$ 以碳酸锂的形态存在于多孔体的微孔中。当反应温度达到 700℃ 以上时，碳酸锂分解释放出 CO$_2$ 气体。Li$_4$SiO$_4$ 的合成方法有三种[20]：高温固相反应法、溶胶-凝胶法和共沉淀法。

K、Na 元素的掺杂通常可提高 CO$_2$ 的吸附速率。纯碳酸锂的熔点约为 730℃，在该温度条件下，碳酸锂的固态界面阻碍了 CO$_2$ 扩散到材料内部，使 CO$_2$ 吸附速率变慢。但加入催化剂 K$_2$CO$_3$、Na$_2$CO$_3$，碳酸锂的熔点降低了，其在 500℃ 左右变成液态，从而提高了反应速率。王银杰等人[21,22]进行了 K$_2$CO$_3$、Na$_2$CO$_3$ 的掺杂实验，对 m(SiO$_2$)：m(Li$_2$CO$_3$)：m(K$_2$CO$_3$) = 1：2(1−x)：2x(0≤x≤0.04) 以及 m(SiO$_2$)：m(Li$_2$CO$_3$)：m(Na$_2$CO$_3$) = 1：2(1−x)：2x(0≤x≤0.02) 分别进行了 K、Na 元素的掺杂。通过掺杂适量的 K、Na 元素，Li$_4$SiO$_4$ 吸附 CO$_2$ 的性能得到了提高。在 K、Na 元素的掺杂试验中，当 x 分别为 0.04 和 0.02 时，Li$_4$SiO$_4$ 具有较好的 CO$_2$ 吸附性能。掺杂 K、Na 的 Li$_4$SiO$_4$ 材料在 CO$_2$ 气氛下，于 700℃ 恒温 15min，即可达到吸附平衡，最大吸附量分别可达 48% 和 46%。而不进行元素掺杂的 Li$_4$SiO$_4$ 材料在相同条件下最大吸附量仅为 43% 左右。可见，加入催化剂后 Li$_4$SiO$_4$ 吸附 CO$_2$ 的能力提高了，其原因与在 Li$_2$ZrO$_3$ 中掺杂 K、Na、Mg 元素相同。但随着 K$_2$CO$_3$ 或 Na$_2$CO$_3$ 掺杂量的增加，Li$_4$SiO$_4$ 的相对量减少，CO$_2$ 的吸附量也相对降低。可见，对催化剂种类和添加量的研究有望成为今后研究的热点之一。

CO$_2$ 的浓度对 Li$_4$SiO$_4$ 吸附 CO$_2$ 的速率和吸附量有明显的影响。CO$_2$ 的浓度越大，吸附速率越快，吸附量也越大。王银杰等人[22]进行了 x = 0.02 时掺杂 Na$_2$CO$_3$ 合成 Li$_4$SiO$_4$ 材料的实验，分别在 CO$_2$ 气氛下和 20%CO$_2$ 气氛下，以 10℃/min 的升温速率，测定了由室温至 900℃ 的热重分析曲线。实验结果表明，在 20%CO$_2$ 气氛下，Li$_4$SiO$_4$ 材料从 480℃ 左右开始吸附 CO$_2$，当温度在 650℃ 左右时，达到最大吸附量 5%±0.6%，然后开始释放 CO_2，当温度在 690℃ 左右时，吸附的 CO_2 已经被完全释放出来。而在 CO_2 气氛下，试样从 500℃ 左右开始明显吸附 CO_2，在 725℃ 左右达到最大吸附量 33%±0.6%，然后开始缓慢释放 CO_2，750℃ 开始急剧释放 CO_2，在 850℃ 左右 CO_2 被完全释放出来。对于上述现象可以根据化学反应平衡移动来进行解释：Li_4SiO_4 和 CO_2 进行反应时，在 20% CO_2（80%空气）气氛下，在 650℃ 左右反应达到平衡；当在 CO_2 气氛下，相当于在上述平衡的基础上增大了反应物质（CO_2）的浓度，致使平衡正向移动，表现为 CO_2 吸附量的继续增大。又由于硅酸锂和 CO_2 之间的反应是一个放热反应，温度升高不利于反应的正向进行，因此在反应物质浓度增加和反应温度升高的综合影响下，在 750℃ 左右时反应达到平衡。可见，在不同的 CO_2 气氛下，Li_4SiO_4 材料的吸附速率和吸附量不同，吸附温度区间也不同。

1.2.4 其他锂基材料

迄今为止，除了 Li_2ZrO_3、Li_4SiO_4 外，人们还发现 Li_4TiO_4、Li_4GeO_4 和 Li_2CuO_2 等锂基材料在高温下也能吸附 CO_2，且它们的吸附机理十分相似。Li_4TiO_4 和 Li_4GeO_4 虽然在高温下也能吸附 CO_2，但吸附量和吸附速率低于 Li_4SiO_4[23]。在几种锂基吸附剂中，理论上完全反应时，Li_2CuO_2 具有最大的吸附量[24]，最大吸附量为 40.10%，而 Li_2ZrO_3 和 Li_4SiO_4 在理论上完全反应时 CO_2 与这两种锂基材料的最大吸附量分别为 28.70% 和 36.66%。到目前为止，对 Li_2CuO_2 吸附 CO_2 的研究还比较少，还不足以说明 Li_2CuO_2 是一种比较良好的 CO_2 吸附材料。

综上所述，目前国内外对高温 CO_2 吸附剂的研究侧重于它们在较高温度（600℃ 左右）下的性能表现，如吸附量、循环反应活性和反应速率等。部分锂基、钙基金属氧化物可与 CO_2 反应，在 500~800℃ 具有良好的 CO_2 吸附性能。钙基吸附剂中 $CaO/Ca_{12}Al_{14}O_{33}$ 和用乙酸溶液对 CaO 进行处理得到的吸附剂的吸附能力和循环反应活性较高，成本低廉，适合在火电厂相应温度段对高温烟气脱除 CO_2。但是目前钙基吸附剂吸附 CO_2 的气固反应机理仍存在很多争议，高温煅烧再生导致的吸附剂烧结问题也未得到彻底地解决，影响了吸附剂的转化率和循环反应活性。对于锂盐吸附剂，理论上 CO_2 与 Li_4SiO_4 和 Li_2ZrO_3 完全反应时的最大吸附量为 36.66% 和 28.76%。由此可知，Li_4SiO_4 比 Li_2ZrO_3 吸附量高，反应速率快。而且 Li_4SiO_4 在反应过程中将 CO_2 由气体的形式转化为固体，便于储存、运输和使用，而且纯度非常高，需要时将之加热至一定温度则发生分解反应获得 CO_2。因此，Li_4SiO_4 材料是一种比较有前途的吸附 CO_2 的高效吸附剂，但具体的吸附机理以及应用还有待进一步的探索。

1.3 负载型吸附剂

负载型 CO_2 吸附剂因其具有低消耗、高吸附性能、操作简单等优点，受到人们的密切关注。目前研究的负载型 CO_2 吸附剂主要有负载型锂基吸附剂、负载型钙基吸附剂及其他负载型 CO_2 吸附剂。

1.3.1 负载型锂基吸附剂

负载型锂基吸附剂包括负载型硅酸锂（Li_4SiO_4）、负载型锆酸锂（Li_2ZrO_3）、负载型铁酸锂（$LiFeO_2$）等。由于烟道气中 CO_2 的温度比较高，而研究者们研究发现 Li_4SiO_4 和 Li_2ZrO_3 在高温下吸附性能比较好[23]，因此此类负载型 CO_2 吸附剂具有很好的应用前景。

1.3.1.1 负载型 Li_4SiO_4 吸附剂

Shan 等人[25]在较低温度（700℃）下利用硅藻土和 Li_2CO_3 通过固相反应制备 Li_4SiO_4 吸附剂，并研究了不同的原料摩尔比对 CO_2 吸附性能的影响；用 TGA 分析，结果表明：随着原料比增加，CO_2 吸附能力先增加后减少，当 n（硅藻土）：n（Li_2CO_3）为 2.6∶1 时，吸附容量达到 30.32%（质量分数）。Wang 等人[26]采用溶胶-凝胶法结合碳涂层合成大孔 Li_4SiO_4 吸附剂，结果发现循环 20 次后吸附容量仍达到 34.20%，主要是由于在合成过程中添加了柠檬酸，一方面柠檬酸作为络合剂使前驱体和碳源混合均匀，另一方面抑制 Li_4SiO_4 晶体的生长，使得到的晶体具有较小的尺寸和较大的比表面积。此后，Yin 等人[27]利用水化-煅烧技术对 Li_4SiO_4 的结构进行修饰，修饰后吸附容量提高、吸附动力学加快、稳定性提高，因为经过水合作用 Li_4SiO_4 变为 LiOH 和 Li_2SiO_3 进而使吸附性能提高。Chen 等人[28]用 SiO_2 和一定量的 Li_2CO_3、$CaCO_3$ 通过固态反应合成负载 Ca 元素的 Li_4SiO_4 吸附剂，在 TGA 和双固定床反应器中进行吸附，结果得到：当 Ca 元素浓度为 32%（摩尔分数）时，Li_4SiO_4 的表面积由 $0.064m^2/g$ 增加到 $0.314m^2/g$；在温度 700℃、反应时间 1h，Ca 元素的浓度为 6%（摩尔分数）的条件下，CO_2 吸附性能达到 35.1%（质量分数）。

1.3.1.2 负载型 Li_2ZrO_3 吸附剂

目前 Li_2ZrO_3 吸附 CO_2 存在吸附速率慢、材料的合成温度高、合成时间长等问题[29]。为了进一步提高其吸附性能，负载型 Li_2ZrO_3 成为研究者的主攻对象。Kang 等人[30]研究了负载单斜晶体 Li_6ZrO_7 的纳米 Li_2ZrO_3 材料吸附 CO_2 的性能，发现此吸附剂的吸附速率比常规 Li_2ZrO_3 颗粒快。Guo 等人[31]同样也研究了纳米 Li_2ZrO_3 晶体的吸附性能，但他们采用溶胶-凝胶的方法制备，其吸附过程如

图 1-1 所示，最终发现 CO_2 的吸附性能可高达 21%，且在 550℃稳定性较好。Xiao 等人[32]用溶胶-凝胶方法结合冷冻干燥技术合成负载 K 离子的 Li_2ZrO_3 吸附剂，当 $n(K):n(Li):n(Zr)=0.2:1.6:1$ 时，显示出较好的稳定性及吸附性能。在此基础上，Wang 等人[33]利用固态反应将 Li_2CO_3、ZrO_2、K_2CO_3 合成负载不同含量 K 元素的 Li_2ZrO_3 吸附剂，结果在 520℃和 CO_2 分压为 15kPa 条件下，组分（质量分数）分别为 36.23% Li_2CO_3、55.12% ZrO_2、8.65% K_2CO_3 时，表现出较高的吸附性能，且在循环 12 次，仍具有稳定的再生能力。Wang 等人[34]介绍了甘油蒸气重整过程中同样负载 K 离子的 Li_2ZrO_3 吸附剂对 CO_2 吸附性能的研究，首先用浸渍和共沉淀的方法制备 $NiO/NiAl_2O_4$ 催化剂，另外用固态方法合成负载 K 离子的 Li_2ZrO_3 吸附剂，在连续流动反应器中研究发现：当 CO_2 被分离后，H_2 的浓度达到 99.59%；不足的是随着循环次数增加，H_2 的纯度下降。

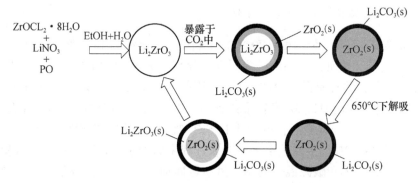

图 1-1 溶胶-凝胶法制备纳米 Li_2ZrO_3 晶体及吸附过程

1.3.2 负载型钙基吸附剂

钙基吸附 CO_2 主要涉及两个反应过程[35]：CO_2 的吸附与脱附。CO_2 的吸附过程发生在碳酸化反应器中，即原料废气在碳酸化反应器与吸附剂（CaO）发生反应生成 $CaCO_3$。而 CO_2 的脱附是将碳酸化反应器产物（$CaCO_3$）移到煅烧炉中高温煅烧，煅烧再生的 CaO 返回到碳酸化反应器继续使用，而对该过程产生的 CO_2 进行压缩、分离和储存。Ramkumar 等人[36]提到钙基吸附剂具有吸附容量大、可以在高温下实现 CO_2 分离、最终得到的 CO_2 浓度较高、原料廉价易得等优点，使得钙基吸附剂具有非常好的应用前景。虽然 CaO 廉价易得且具有较高的 CO_2 吸附性能被大家所接受[37,38]，但是仍存在一些问题：一方面，钙基吸附剂经反复煅烧发生烧结现象导致比表面积下降，循环吸附性能降低；另一方面，工业废气中含有一定量的 SO_2，CaO 与 SO_2 反应生成的 $CaSO_4$ 在碳酸化/煅烧分离的条件下无法再生，使得 CaO 有效含量降低，CO_2 循环吸附性能下降。Abanades

等人[39]研究发现，钙基吸附 CO_2 随着循环次数的增加，吸附剂的转化率逐渐降低，经过数百次循环后，转化率由 90% 左右降到 7%~8%。为了解决钙基吸附剂的易烧结[40,41]、循环稳定性较低、转化率低等问题，改善其空隙结构，增强其吸附活性，提高循环稳定性，国内外学者对其进行了大量的改性研究，改性方法有水合处理[42,43]、热预处理[44,45]、酸法改性[46,47]和负载惰性支撑材料[48,49]，目前应用最多的是负载惰性支撑材料。因此，负载型 CO_2 钙基吸附剂成为研究重点。

1.3.2.1 负载 Al 元素的 CO_2 钙基吸附剂

Li 等人[50]以 CaO 作为固体成分与金属氧化物进行集成得到 $CaO/Ca_{12}Al_{14}O_{33}$ 吸附剂，当煅烧温度高于 1000℃，吸附剂的性能明显下降，这是因为有 $Ca_3Al_2O_6$ 的形成，在 Al_2O_3 质量分数为 25%，循环 50 个周期时吸附性能仍能达到 41%。而文献 [51] 在 Li 的基础上研究实验室模拟流化床反应器中 CO_2 的吸附/脱附，最终得到循环 20 个周期后吸附性能只有 0.26g/g。另外，Peng 等人[52]同样在流化床反应器中研究，在负载 Al_2O_3 同时还添加了 TiO_2，使 CO_2 吸附能力在循环 10 次后仍未下降。Luo 等人[53]研究溶胶-凝胶法合成 $CaO/Ca_{12}Al_{14}O_{33}$ 吸附剂，在固定床反应器中进行吸附/脱附反应，当 CaO 的含量为 80% 及循环 11 次时吸附能力为 0.456g/g。随之，Radfarnia 等人[54]与 Luo 采用相同的方法制备 $CaO/Ca_9Al_6O_{18}$，在温和的条件下循环 31 次，CO_2 吸附性能达到 0.57g/g。Shan 等人[55]以鸡蛋壳作为钙源掺杂铝土矿尾矿经过固相反应制备负载 Al 元素的钙基吸附剂，发现掺杂质量分数为 10% 的铝土矿尾矿在循环 40 次后转化率仍达到 55% 以上，该研究的优点一方面是原料从废弃物中获得，达到以废治废的目的；另一方面是循环中生成的 $Ca_{12}Al_{14}O_{33}$ 起到关键作用。Jiang 等人[56]不仅研究了不同钙前驱体负载 Al_2O_3 的吸附性能，而且还对其进行了动力学模拟，结果表明：醋酸钙负载后具有较好的吸附性能，且采用新三级动力学模型（增加了过渡阶段）模拟效果较好。

1.3.2.2 负载 Mg 元素的 CO_2 钙基吸附剂

Li 等人[57]指出 CaO 负载一定量的 MgO 可有效地抑制钙基吸附剂的烧结，目前报道制备 CaO-MgO 吸附剂的方法有共沉淀法、溶液共混法、干物理混合法和湿物理混合法等。研究结果表明：由湿物理混合法制备的吸附剂，当 MgO 的质量分数为 26%，循环 50 次，CO_2 吸附性能达到 53%，而未负载 MgO 的 CaO，CO_2 吸附能力由原来的 66% 下降到 26%。Li 等人[58]同时还研究了利用湿物理混合方法将 $MgAl_2O_4$ 添加到 CaO 中，与上述文献采用相同的碳化/煅烧条件，在循环 65 次时，CO_2 吸附能力为 34%。张明明等人[59]报道了采用湿化学法将 Al_2O_3

和 MgO 同时掺杂制备三元复合钙基材料（$CaO\text{-}Ca_3Al_2O_6\text{-}MgO$）及其 CO_2 吸附性能研究，CaO 含量相同及 $Ca_3Al_2O_6/MgO$ 质量比较大的情况下，表面颗粒粒径较大，反之较小；提高质量比，其循环稳定性较好，当质量比为 1.5 时，CO_2 吸附性能为 0.28g/g。Zhu 等人[60]提出一个理想的粒子模型来模拟不同钙前驱体负载 MgO 的吸附性能，其中 MgO 可以防止粒子直接聚集，而在循环 100 次后性能仅下降 3.9%。作为对比，Yan 等人[61]用醋酸钙分别负载 Mg、Al、Ce、Zr、La 元素，发现循环 110 次后负载 Al 元素的循环稳定性仍高达 87.1%。

1.3.2.3 负载其他元素的 CO_2 钙基吸附剂

Zhao 等人[62]用湿化学方法制备 $CaO\text{-}CaZrO_3$ 吸附剂，利用 TGA 分析研究了两组，一组是 $m(CaZrO_3):m(CaO)$ 为 1:9，循环 30 次，结果 CO_2 的吸附能力为 0.365g/g；另外一组是 $m(CaZrO_3):m(CaO)$ 为 3:7，严格的煅烧条件，循环 30 次，CO_2 吸附能力由第一次循环的 0.36g/g 下降到 0.31g/g。Ping 等人[63]研究离子沉淀法制备负载 Zr 元素的钙基吸附剂，以负载 Al、Mg 元素作为比较，当 $n(Ca):n(Zr)$ 为 5:1，循环 30 次时，转化率达到 76%。但是文献 [64] 采用三种不同的方法制备负载 ZrO_2 的吸附剂时，发现溶胶-凝胶法有较好的吸附性能。此后，Akgsornpeak 等人[65]在 $Ca(NO_3)_2$ 中添加可以防止 CaO 聚集、增加比表面积和孔容的十六烷基三甲铵 （CTAB），循环 20 次后有较高的转化率 63.28%。Hu 等人[66]研究不同的钙源用湿法混合的方法负载惰性固体 Nd_2O_3 对 CO_2 吸附能力的影响，选择 $C_6H_9NdO_6 \cdot xH_2O$ 作为合成 Nd_2O_3 的前驱体，得到的结论是以 $C_6H_{10}CaO_6 \cdot 5H_2O$ 作为 Ca 源，具有较高的吸附性能，循环 100 次，转化率达到 67%。张雷等人[67]研究了不同的钙源掺杂 Ce 对 CO_2 吸附循环性能的影响，利用湿法混合-煅烧法将元素 Ce 掺杂到钙基中，循环 10 次，结果表明：葡萄糖酸钙与 $Ce(NO_3)_3 \cdot 6H_2O$ 按摩尔比 $Ce^{4+}:Ca^{2+}$ 为 1:5 混合制得的吸附剂有较高的转化率，达到 90.2%。同时 Wang 等人[68]也报道了钙基负载 Ce 元素对 CO_2 吸附循环性能的影响，以 $Ca(NO_3)_2$ 作为钙前驱体，当 Ca/Ce 的摩尔比为 15:1 时，循环 18 次，表现出较好的吸附性能 （0.59g/g）。Qin 等人[69]通过选用不同的钙源用混合的方法制备 CO_2 钙基吸附剂，结果表明：水泥是一种很有前途的低成本支撑物，由乳酸钙制得的 CaO （体积分数，75%） 用水泥支撑表现出较好的 CO_2 吸附性能，循环 70 次，吸附能力达到 0.36g/g。

1.3.3 其他负载型 CO_2 吸附剂

此外，国内外研究者们还研究了负载型 CO_2 钾基吸附剂[70,71]。Esmaili 等人[72]研究了在烟道气条件下 K_2CO_3 负载 Al_2O_3 对 CO_2 吸附性能的影响，用浸渍法得到 $K_2CO_3\text{-}Al_2O_3$ 吸附剂，在固定床反应器中研究初始浓度、浸渍时间、煅烧温度、煅烧时间对 CO_2 吸附性能的影响，结果指出：随着初始浓度、浸渍时间的增加，吸附容量增加；而随着煅烧温度和时间的增加，吸附容量有一个最高点；当初始浓度为 32.3%、浸渍时间为 13.4h、煅烧温度为 367℃、煅烧时间为 4.1h 时，CO_2 吸附能力达到最大为 78.66mg/g。文献 [73] 报道了先用溶胶-凝胶的方法从金属醇盐中得到 ZrO_2，再用浸渍法得到负载 ZrO_2 的钾基吸附剂，在固定床反应器中分别研究负载 Zr 和 Ti 元素的影响，结果显示：负载 Zr 元素具有较好的吸附性能，而负载 Ti 元素的吸附剂由于生成其他物质使得吸附性能较低。Prajapati[74] 课题组在流化床反应器中对 K_2CO_3/活性炭进行了吸附动力学研究，结果表明：针对一定的时间，K_2CO_3 的转化率随着 CO_2 浓度、流化速度、温度的增加而增加，且由阿夫拉米提出的模型拟合程度较好。

另外，还有研究者研究负载型 CO_2 钠基吸附剂[75,76]，机理与 K_2CO_3 相同。Dong 等人[77]采用浸渍法得到负载 MgO、Al_2O_3 的 Na_2CO_3 吸附剂，在 TGA 和鼓泡流化床中测试 25%（质量分数）Na_2CO_3 分别负载 1%、5%、10% 的 MgO 对 CO_2 的吸附能力影响，其余用 Al_2O_3 补充；在开始的 10min，负载 5%MgO 的吸附剂有较好的吸附性能，在流化床测试中，5%MgO 表现更高的吸附速率和吸附性能。

综上所述，负载型锂基具有耗能较大，操作复杂等缺点而不被广泛使用；但是钙基吸附也存在一些问题：一方面，钙基吸附剂经反复煅烧发生烧结现象导致比表面积下降，循环吸附性能降低；另一方面，工业废气中含有一定量的 SO_2，CaO 与 SO_2 反应生成的 $CaSO_4$ 在碳酸化/煅烧分离的条件下无法再生，使得 CaO 有效含量降低，CO_2 循环吸附性能下降，因此重点放在负载型 CO_2 钙基吸附剂。目前，研究者们对负载型 CO_2 吸附剂研究较多，但是仍存在一些问题，比如转化率低、吸附性能低、稳定性差等。因此需要做更进一步的研究。

1.4 废弃物衍生物吸附剂

高温钙基 CO_2 吸附剂以其来源广、成本低、性能好等优点而被广泛应用，但也存在易烧结的现象。利用废弃物改性制备 CO_2 吸附剂达到以废治废的目的，是一种资源节约、环境友好的吸附剂开发思路。目前我国固废处理的主要方式为集中填埋，但收效甚微，甚至会导致地下水深度污染。如何恰当处理大量的废物资源，丰富废物变为有价值的产品，成为我们面临的严峻问题。很多学者通过水合改性[78]、预热改性[79]、掺杂改性[80]和废弃物制备[81]等方法改性钙基 CO_2 吸附剂，其中废弃物制备既能减少资源浪费，又能解决环境污染问题，因此利用废弃物改性制备高温钙基 CO_2 吸附剂成为当下 CO_2 吸附剂研究的方向（见图 1-2）。

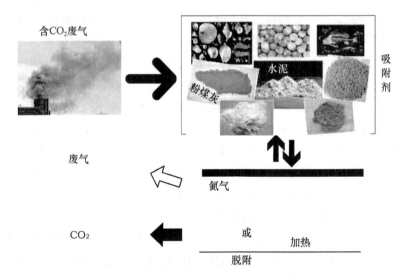

图 1-2 废弃物改性制备钙基 CO_2 吸附剂的工艺流程

1.4.1 不同钙源

钙基 CO_2 吸附剂的钙源一般为含钙量高的矿石、钙盐等，来源广泛丰富。废弃物中有很多钙含量丰富的物质，如鸡蛋壳、贝类、造纸白泥等，以此替代钙源拥有良好的发展前景。

禽蛋在中国饮食中占有很大比重，我国每年会消耗大量禽蛋，产生大量废弃蛋壳。蛋壳往往被当作废弃物处理，不会再回收和处理。因此蛋壳不仅带来了严重的废物处理问题，还造成了资源浪费[82]。而国外很多学者注意到蛋壳廉价易得和吸附方面的价值[83]，其可用于肥料、土壤调理剂、动物饲料添加剂、钙基陶瓷以及喷墨打印纸的涂料颜料[84] 等。由于蛋壳体积的 90% 为碳酸钙，因此可以作为钙剂 CO_2 吸附剂的良好钙源[85,86]。蛋壳经洗涤、干燥、粉碎、煅烧等工序制得的吸附剂通常可以达到表面积 0.05~14.45m²/g，最大吸附量为 140%~160%，但循环转化率下降严重[87]。Witoon[88] 以废蛋壳和市售的碳酸钙为原料制备钙基 CO_2 吸附剂，在相同的反应条件下，煅烧蛋壳的碳酸化转化率高于市售碳酸钙。Sacia 等人[89]通过多次循环吸附-脱附实验测试了蛋壳制备的钙基 CO_2 吸附剂。经过 10 次循环后，用乙酸对吸附剂进行再生提供的 CaO 转化率比未处理的吸附剂提高了 38%。Mohammadi 等人[90]用废弃蛋壳掺杂耐火掺杂剂制备钙基吸附剂，结果表明，掺杂锆的吸附剂在 20 个吸附循环内可保持 88% 的转化率。Castilho 等人[91]用蛋壳、贝壳和乌贼骨钙含量较高的消化废物制备钙基 CO_2 吸附剂后指出：高钙含量的废弃物可用于改性制备钙基 CO_2 吸附剂，从而减轻环境污染，节约资源。

除了天然矿物以外，贝类、鱼骨是一种丰富的生物类钙源，在食用之后被丢弃。尤其在中国，人口多、食用量大，因此有很大的利用前景。Ives 等人[92]发现，以贝壳为钙源制备的钙基吸附剂在高达 50 个循环的煅烧和碳酸化过程中的性能明显优于石灰石为钙源制备的钙基吸附剂。Castilho 等人[91]还以蛤、蜗牛壳、越南蛤蜊壳、牡蛎壳、贻贝壳、扇贝壳和乌贼骨为钙源制备了钙基 CO_2 吸附剂。其中蛤蜊壳制备的吸附剂在 8 个循环后最稳定，并保持高的残留载量。由于微量元素的存在，所有测试样品都显示出缓慢的失活和相对较高的残留载量。

我国每年产纸量占世界总量的一半（年均超过 50 万吨），造纸白泥是造纸碱回收过程中得到的一种有毒工业废弃物，平均每生产 1t 纸浆就会产生 0.5t 的造纸白泥，造纸白泥的主要成分为碳酸钙。对于废弃物作为钙源制备钙基 CO_2 吸附剂，除了蛋壳和贻贝壳之外，纸工业固体废物（即造纸白泥）也有很多研究[93]。Li 等人[94]研究了钙循环过程中造纸白泥对 CO_2 的捕获行为。用蒸馏水预洗造纸白泥降低杂质的影响，未处理的造纸白泥和处理过的造纸白泥的碳酸化转化率在 100 次循环后分别为约 0.21 和 0.36，随循环次数增加逐渐稳定。水洗过的造纸白泥在前五个循环中的碳酸化转化率比天然石灰石高，但在后五个循环中碳酸化转化率反超天然石灰石。水洗过的造纸白泥的最终碳酸化转化率比天然石灰石高 4.8 倍。因此，造纸白泥是一种良好的钙基吸附剂前体。

马艾华等人[95]以铝土矿尾矿和硝酸铝为掺杂剂改性造纸白泥，制备了抗烧结的钙基吸附剂。造纸白泥直接掺杂 15%（质量分数）的铝土矿尾矿，通过 BET 和 SEM 表征，改性后的造纸白泥形成了疏松分散的片层状形貌结构，比表面积约为白泥原样的 4 倍。因此在 15 个循环后碳酸化转化率为 25.4%，比白泥原样高 19.1%；造纸白泥直接掺杂 15% 的分析纯硝酸铝，在 15 个循环后碳酸化转化率为 43.5%，比白泥原样高 37.2%。他们还通过预煅烧进一步改性掺杂铝土矿后的造纸白泥，但受造纸白泥、铝土矿尾矿中多种杂质影响及金属离子在高温熔融下的扩散作用受阻等影响，预煅烧对掺杂铝土矿造纸白泥吸附剂循环吸附性能只提高了 3.8%。而预煅烧掺杂硝酸铝的造纸白泥作吸附剂时，由于硝酸铝分解产生气体形成了更多中孔结构，因此循环吸附性能提高了 10.3%，效果较为明显。

除鸡蛋壳、贝类、鱼骨类、造纸白泥之外，仍有很多其他富含钙的废弃物，尽管资源十分丰富，但没有合理被开发应用，造成了极大的资源浪费。因此很多学者以电石、大理石等其他含钙量高的废弃物制备钙基 CO_2 吸附剂，研究了其循环吸附性能及微观形态。目前工厂处理电石渣的手段主要是自然堆积或填埋，造成了极大的资源浪费和环境污染。废弃电石渣的主要成分是 $Ca(OH)_2$，煅烧后失水为 CaO，钙含量高达 90%[96]。且电石渣本身具有多孔疏松结构、比表面积较大、钙含量高的优点，是良好的钙基吸附剂钙源，可以用于吸附 CO_2。研究表明[97,98]，由于电石渣中含有少量 Al_2O_3 杂质，高温煅烧过程中与钙结合生成起

到骨架支撑作用的 $Ca_{12}Al_{14}O_{33}$，从而有效减缓吸附剂烧结，提高吸附剂多循环稳定性[99]。牛佳宁等人[100]在电石制乙炔工艺流程中加入铝盐制备出新型电石渣 $CaO/Ca_{12}Al_{14}O_{33}$。实验研究表明，掺杂 15%的铝盐制得的吸附剂具有更好的表面形貌，其支撑骨架结构有效减缓了吸附剂烧结现象。相比于纯碳酸钙，改性电石渣吸附剂 5 次循环后 CaO 转化率明显提高，20 次循环后，新型电石渣吸附剂的 CaO 转化率仍保持在 48%以上。

大理石因产自云南大理而得名。大量的大理石加工工艺在切割和抛光过程中作为副产物产生大量的废物大理石粉末，造成了极大的环境污染和资源浪费。大理石粉末的碳酸钙含量在 50%以上，是一种廉价的钙基 CO_2 吸附剂废弃物前体。Pinheiro 等人[101]利用大理石粉末制备了钙基吸附剂，进行了多次循环实验。结果表明制得的吸附剂比其他天然吸附剂、废弃物吸附剂和商业碳酸钙制得的吸附剂有更好的循环稳定性、更低的吸附剂失活率和更多的循环次数，二氧化碳吸附能力也更高。不同废弃物钙源吸附 CO_2 的性能详见表 1-1。

表 1-1 不同废弃物钙源制备高温钙基 CO_2 吸附剂的性能

钙源	最大吸附量/%	最终循环吸附量/%	循环次数/次	吸附条件	脱附条件
鸡蛋壳[102]	88.0	88.0	20	650℃,100%CO_2	700℃,100%N_2
贝类[103]	38.1	26.9	8	700℃,15%CO_2	800℃,100%N_2
造纸白泥[104]	45.5	38.8	40	750℃,50%CO_2	750℃,100%N_2
电石[86]	50.0	48.4	20	700℃,15%CO_2	840℃,100%N_2
大理石[105]	93.3	43.3	20	700℃,15%CO_2	800℃,100%N_2

1.4.2 废弃物掺杂剂

钙含量高的废弃物除了作为代替钙源，还可以作为掺杂剂改性钙基 CO_2 吸附剂。不同的掺杂剂作用方式不同，作用机理也不同，比如：提供支撑骨架、提高比表面积、形成其他化合物等起到防止烧结、促进二氧化碳吸附、增强循环吸附性能的作用。

1.4.2.1 含铝废弃物掺杂剂

含铝废物主要为铝土矿及铝土矿制铝后所产生的赤泥，其主要成分为 Al_2O_3。其与钙基吸附剂掺杂后，物理方面能够起到支撑、扩大比表面积的作用；经高温煅烧后，发生化学结合，铝土矿尾矿或赤泥中的 Al_2O_3 和钙反应生成的钙铝石（$Ca_{12}Al_{14}O_{33}$），从而进一步改性吸附剂。Vishwajeet 等人[106]将赤泥按照粒径大小不同分离，在最佳反应条件下进行 CO_2 吸附，从而确定赤泥碳酸化的主要矿物相。经表征后发现：含钙矿物相在赤泥吸附 CO_2 过程中起到主要作用，100g 赤

泥中 CO_2 最大吸附量为 5.3g。胡易成等人[107]在以鸡蛋壳为代替钙源的基础上，掺杂赤泥和铝土矿两种铝含量高的物质，制备出新型掺杂改性钙基 CO_2 吸附剂。经测试赤泥和铝土矿的掺杂量均为 10% 时能够达到最佳吸附性能，20 次循环吸附后仍能保持 54.22% 和 51.33%。通过表征分析得出：经过柠檬酸酸浸可以几乎完全去除赤泥中产生负面影响的钠。但在 20 次循环后，比表面积下降、吸附剂表面发生烧结，吸附率降低。马艾华等人[95]用铝土矿尾矿掺杂造纸白泥，制备出的改性吸附剂在有了钙铝化合物的骨架支撑作用下，与白泥原样相比有着更好的抗烧结性能和约 4 倍的比表面积。通过蔗糖法洗去造纸白泥中的杂质后，其循环转化率有所提高。

1.4.2.2 复合作用的掺杂剂

废弃物成分复杂，难以分析，也难以处理，在 CO_2 捕获过程中造成了一定的影响，比如造纸白泥中含有的杂质离子就会影响 CO_2 的捕获，要通过不同预处理方法降低其负面影响。但也有一些物质不仅是单一因素作用，可以从多种方面改性钙基吸附剂。

水泥是一种主要含有硅酸盐、钙化合物、铝化合物等的混合物无机材料，广泛应用于建筑行业。其含有的氧化钙、氧化铝等是很好的钙基吸附剂原料，因此引起了很多研究者的关注[69, 108~117]。结果表明：以水泥为载体掺杂钙基吸附剂时，水泥中的 Al_2O_3 与 CaO 反应形成支撑骨架结构的 $Ca_{12}Al_{14}O_{33}$，减缓吸附剂烧结；水泥中含有的硅酸盐经高温加热后结合钙铝会形成一系列含有钙、铝、硅的化合物，从而提高钙基 CO_2 吸附剂吸附性能和循环吸附性能。Chang 等人[117]评估了在不同实验条件下混合液压矿渣水泥吸附 CO_2 的情况，得出结论：吸附 CO_2 后，体系 pH 值迅速下降，每千克水泥中最大 CO_2 捕获量为 181g。钙基 CO_2 吸附剂应用的最大问题就是烧结导致的吸附能力损耗和较高的流失率。掺杂水泥后形成的 $Ca_{12}Al_{14}O_{33}$ 骨架支撑能够很好地缓解烧结。Qin 等人[118]由 $Ca(OH)_2$ 掺杂水泥制备出改性钙基吸附剂后，用螺杆挤出机将吸附剂制成细柱状。经检测，这样制成的吸附剂力学性能优异，有良好的耐磨性和机械强度，并且能够在 18 个循环后达到最佳吸附性能。Ma 等人[119]以电石渣为钙源，掺杂高铝水泥和生物柴油副产品改性钙基 CO_2 吸附剂，制造出了富含中孔的改性吸附剂。掺杂 10% 水泥后的吸附剂能够在 30 次循环后达到 CO_2 最佳吸附量 0.27g，比原电石渣吸附剂高出 1.7 倍。Duan 等人[112]对比了生物质（普通面粉）和水泥改性的钙基 CO_2 吸附剂，多次循环的球团撞击后的破裂概率和尺寸变化反映出添加生物质添加剂会降低吸附剂的机械强度，降低吸附级颗粒的抗破碎性；而水泥的添加会改善机械强度。而后，作者又对比了生物质（普通面粉）和水泥改性后吸附剂的孔隙率[111]。结果证明添加生物质和铝酸钙水泥均提高了吸附剂的孔隙率和循环稳定性。但在多周期高温焙烧时，吸附剂显著烧结，碳酸钾蒸发，生物质作用明显降低。

粉煤灰主要是燃煤电厂煤燃烧后捕获的细灰，具有亲水表面和多孔结构，氧化物成分为：SiO_2、Al_2O_3 及少量的 FeO、Fe_2O_3、CaO、MgO、SO_3、TiO_2 等。其中 SiO_2 和 Al_2O_3 含量可占总含量的 60% 以上，是良好的改性钙基吸附剂废弃物。Yan 等人[120] 比较了粉煤灰掺杂不同钙前体制备出的钙基吸附剂的性能，得出以草酸钙为钙前体，以 9:1 的比例掺杂粉煤灰后制备的吸附剂吸附性能最好，30 个循环吸附后每克 CaO 仍能保持 0.38g CO_2 的吸附能力。后来 Yan 等人[121] 又将粉煤灰制成纳米 SiO_2 掺杂钙基吸附剂，形成了 Ca_2SiO_4 和 SiO_2 的纳米结构，使得吸附剂孔增多、接触面积增大，进一步降低了动力学难度，极大增强了吸附剂的循环性和吸附性。Sreenivasulu 等人[122] 研究表明粉煤灰可以通过其碱金属成分的化学吸附进一步提高吸附剂性能。将 CaO、MgO 和粉煤灰掺杂复合制备钙基 CO_2 吸附剂，在不同的反应条件下比较得出 CaO：MgO：粉煤灰为 5:1:4 时具有最高吸附性能，并能保持 15 次循环稳定性。确定最优制备条件后，以 CaO-MgO-CFA 为研究对象进行了热力学和动力学分析，证明了反应的可行性和自发性，验证了反应和扩散动力学控制模型[123]。Chen 等人[124] 通过表征得出粉煤灰掺杂后吸附剂主要为 $Ca_{12}Al_{14}O_{33}$ 和 $CaSiO_3$，使得增强的耐烧结性和吸附剂的反应性增强，碳酸化转化率和速率均提高。He 等人[125] 研究得出在粉煤灰掺杂时，吸附剂类型、灰分含量及其粒度、煅烧条件循环吸附过程中的相互作用，使得吸附剂性能得到了很大的提高。此外，证明由于灰分沉积和循环后的颗粒团聚而导致孔隙为 3nm 孔的堵塞是钙基吸附剂在 CO_2 循环吸附力下降的主要原因。

钢渣指炼钢后排出的废弃物渣，主要由 Ca、Fe、Si、Mg 和少量 Al、Mn、P 等的氧化物组成，废弃量占粗钢产量的 15% ~ 20%。我国作为钢铁大国，2015 年后我国每年钢渣废弃数超过 1 亿吨，造成了极大的环境污染和资源浪费[126]。钢渣来源广泛廉价、无毒性、富含钙元素，其中 Fe、Mn 等元素能够对吸附剂起到加强作用，是一种很有潜力的改性钙基吸附剂原料。Tian 等人[127] 用钢渣掺杂钙基吸附剂，得到改性吸附剂的 CO_2 捕获能力高于原来的 10 倍，改性后的吸附剂最佳 CO_2 吸附量为 0.5g，30 个循环后仍有 0.25g CO_2，显示出很强的自稳定性。在吸附剂中 MgO 用作间隔物，从而提高吸附剂孔隙率，Al_2O_3 作为稳定剂，从而在高温下抵抗吸附剂烧结。Yu 等人[128] 对比了转炉渣和电炉渣两种钢渣掺杂钙基吸附剂后的性能，得出电炉渣的吸附性能优于转炉渣，而随着 CO_2 浓度降低，碳酸化反应速率增加，与钢渣种类无关。伊元荣等人[129] 用了多种表征方法得出湿法烟气捕获时，钢渣与钙基 CO_2 吸附剂掺杂后，钢渣中的 $Ca(OH)_2$、CaO、C_2S 及 C_3A 等矿物均可与 CO_2 发生化学反应生成 $CaCO_3$，且不会影响钢渣的进一步利用。Lee 等人[130] 用纤维状陶瓷基织物（氧化铝和氧化钇）为底物掺杂固定钙基吸附剂。当掺杂量为 23%，在 850℃过度煅烧时，氧化钇掺杂优于氧化铝掺杂的钙基吸附剂的性能，与纯氧化钙粉末相比，使用纤维状陶瓷织物可以有效缓解吸附剂烧结，并保持氧化钙的循环稳定性，吸附量能够在 12 个循环内几乎不下降。表 1-2 列出了不同废弃物掺杂剂制备高温钙基 CO_2 吸附剂的性能。

表 1-2　不同废弃物掺杂剂制备高温钙基 CO_2 吸附剂的性能

掺杂剂	最大吸附量/%	最终循环吸附量/%	循环次数/次	吸附条件	脱附条件
铝土矿[131]	83.1	42.6	50	750℃,50%CO_2	900℃,100%N_2
水泥[117]	58.2	45.0	18	650℃,15%CO_2	900℃,100%N_2
粉煤灰[132]	61.5	50.3	15	650℃,100%CO_2	950℃,100%N_2
钢渣[127]	63.5	31.8	30	700℃,100%CO_2	900℃,100%N_2

1.4.2.3　其他掺杂剂

碳作为一种低温吸附剂，可以通过丰富的孔结构物理吸附 CO_2，而钙基 CO_2 吸附剂为高温吸附剂。使用碳掺杂钙基吸附剂，在循环高温煅烧和碳酸化的过程中，碳首先起到支撑骨架的作用，随着循环次数增加，碳逐渐被氧化直至完全燃烧，原来的位置则形成了孔，吸附剂的表面积大幅增加，提高 CO_2 吸附率，减缓烧结[133]。孟冰露[134]使用三种不同的碳材料改性钙基 CO_2 吸附剂，若掺杂相同量的碳材料，改性吸附剂性能为：椰壳炭>石墨>竹炭。值得注意的是碳材料的添加量和增强效果不呈线性关系，添加 2%时的碳材料吸附剂性能最好。

稻壳是一种农用废弃物，富含纤维素、木质素、二氧化硅，与钙基吸附剂掺杂后可以形成强度比较大的壳和较多的孔[135]。Sun 将铝酸盐水泥和稻壳掺杂钙基 CO_2 吸附剂，制得了一种由高反应性核和半反应性壳组成的核-壳颗粒，能够大幅提高 CO_2 吸附能力，同时保持较好的力学性能。稻壳燃烧后的稻壳灰含有高效的锂，对于改性锂基吸附剂效果更好[136]。

凹凸棒石是一种在全球各地均有分布的一种黏土矿物，富含对于 CO_2 吸附力强的镁硅酸盐，因此成为研究者关注的热点。Chen[137]以凹凸棒石掺杂改性钙基吸附剂，掺杂后的凹凸棒石颗粒在吸附剂表面为其提供骨架支撑，从而减少吸附剂烧结。水泥工业中吸附 CO_2 时，在 40 次循环后，掺杂 5%凹凸棒石吸附剂碳酸化率保持在 20%。单历元[138]证明掺杂凹凸棒石后吸附剂中形成的 Ca_2SiO_4、Al_2O_3 和 $Ca_3Al_{10}O_{18}$ 形成了骨架支撑结构，增强了其耐烧结性。孟晶晶[139]以相似的方式，将蛭石掺杂改性钙基 CO_2 吸附剂。蛭石首次升温过程中会急剧膨胀，热稳定性较高，负载在吸附剂表面的蛭石颗粒膨胀后可以阻止吸附剂颗粒接触，延缓烧结现象的发生，提高循环转化率。

Ma[140]利用生物柴油副产物和氧化镁掺杂钙基吸附剂，研究了反应条件对吸附剂性能的影响。加入生物柴油副产物可以使氧化镁和吸附剂均匀混合，副产物燃烧后会形成多孔。因此在添加生物柴油的情况下，添加的氧化镁才能改善循环过程中 CO_2 的吸附率和耐久性。Yan[141]将光伏废物（$SiCl_4$）合成的废物衍生的纳米二氧化硅和钙基吸附剂简单干法混合，在 900℃下预热处理 2h，形成了稳定性极强的难熔矿物颗粒 Ca_2SiO_4，从而大大提高了吸附剂的耐烧结性。

以含钙量高的废弃物为钙源制备钙基吸附剂，或者用废弃物掺杂吸附剂改性钙基吸附剂性质都是目前研究的热点，具有以下优点：（1）来源广泛；（2）降低吸附剂成本；（3）提高吸附剂性能，大大减少烧结；（4）实现了资源的循环利用，减少环境污染，是一种双赢的做法。本书按照不同钙源和不同掺杂剂的分类，综述了目前废弃物改性钙基 CO_2 吸附剂的情况，废弃物改性钙基 CO_2 吸附剂仍面临部分问题：（1）废弃物代替钙源虽然可以取代天然矿物，减少资源浪费，但其中的杂质元素复杂，容易对吸附剂产生负面影响；（2）虽然改性后的吸附剂烧结程度降低，但碳酸化吸附率仍有待提高。

2　大理石粉末衍生 CO_2 吸附剂

2.1　概述

2.1.1　废弃物衍生的 CO_2 钙基吸附剂

废弃物只是我们暂时无法利用的资源，但是处理不好反而会带来更加严重的环保问题。目前我国垃圾处理的主要方式为集中填埋，但掩埋只是暂时方法，甚至会对未来的环境造成不可逆转的损害，导致地下深度污染。如何合理处理大量的废物资源，是我们目前面临的严峻问题。很多学者通过造粒机械改性[142]、掺杂改性[143]、水合改性[144]、废弃物改性[55]等方法改性钙基 CO_2 吸附剂，其中废弃物改性再利用既能促进资源循环使用，又能减缓环境污染问题，因此利用废弃物改性钙基 CO_2 吸附剂为 CO_2 的捕集提供了一个新途径（见图 2-1）。

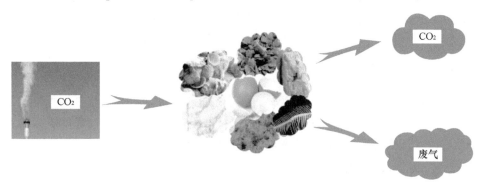

图 2-1　废弃物改性制备钙基 CO_2 吸附剂的作用流程

2.1.2　废弃物作为钙源

禽蛋、海鲜等在中国饮食中有着不可取代的作用，产生了大量生物质废弃钙源，如废弃蛋壳、贝壳、鱼骨等。这类生物质钙源的 90% 以上为碳酸钙，简单处理后可除去大部分杂质，是一种优良的废弃物替代钙源。制得的改性钙基 CO_2 吸附剂比表面积最大可以达到 14.45 m^2/g，最大吸附量可以达到 160%，很有应用前景。但循环转化率下降严重，是目前应用的限制[147]。研究表明，废蛋壳制备的改性钙基吸附剂性能明显优于商业 CaO，醋酸处理循环后的吸附剂转化率可提高 38%，掺杂耐火锆化合物后能够在 20 个长循环内保持 88%[89,92,102,103,146]。造纸白泥是一种对于环境有极大毒害的废弃物，主要成分为碳酸钙（$CaCO_3$）。Li 等人[94]用蒸馏水预处理造纸白泥，未经过预洗处理和洗过的造纸白泥在 100 次循环后转化率分别约为 21% 和 36%。水洗过的造纸白泥在 5 次循环后吸附性能比天然石灰石高 4.8 倍。马艾华等人[104]以铝土矿尾矿掺杂改性造纸白泥，结合比表面积（BET）和扫描电镜（SEM）结果可知，改性后的掺杂型造纸白泥吸附剂形成了疏松分散的片层状形貌结构，比表面积增长了 3 倍。因此在 15 次循环后碳酸化转化率比白泥原样高 19.1%，保持在 22.4%。因为造纸白泥、铝土矿尾矿原料中有多种杂质，且高温熔融下金属离子的扩散作用降低等多个方面的影响，预煅烧处理吸附剂性能提高并不明显。

电石渣是用电石（CaC_2）水解制备乙炔（C_2H_2）反应中产生的固体废弃物，反应方程式见式（2-1）。目前工厂产生的电石渣主要是自然堆积或填埋，对环境产生了极大的危害。由反应方程式可知，废弃电石渣的主要成分是氢氧化钙（$Ca(OH)_2$），处理后的钙含量高达 90%[96]。且电石渣本身具有多孔疏松结构，是非常有潜力的钙基吸附剂替代钙源。电石渣成分分析可知，电石渣含有少量 Al_2O_3，可以和 CaO 经高温煅烧后形成钙铝氧化物，由于其优异的支撑改性功能，能够有效减缓改性吸附剂烧结，提高吸附剂多循环稳定性。相比于商业碳酸钙制备的吸附剂，Al_2O_3 改性新型电石渣吸附剂 20 次循环后转化率仍保持在 48% 以上[86,99]。

$$CaC_2 + 2H_2O \rule[0.5ex]{1.5em}{0.4pt} Ca(OH)_2 + C_2H_2 \uparrow \tag{2-1}$$

2.1.3   废弃物作为掺杂剂

除了寻找钙含量高的替代钙源外，掺杂剂能够更好地提高吸附剂的循环吸附性能。掺杂剂的添加能够更好地减小 CO_2 扩散阻力，为 CO_2 吸收提供更多的活性反应位点，从而提高吸附剂吸附转化率，缓解多循环烧结损失。

2.1.3.1   铝土矿掺杂

铝土矿及其固体废弃物赤泥中均含有大量的 Al_2O_3，与钙基吸附剂掺杂经高温煅烧后生成的 $Ca_{12}Al_{14}O_{33}$，从而改性吸附剂。胡易成等人[107,131]利用柠檬酸浸处理赤泥和铝土矿掺杂鸡蛋壳制备改性 CO_2 吸附剂，当掺杂量为 10% 时，经过 20 次循环后吸附转化率分别达到 54.22% 和 51.33%。马艾华等人[95,104]将钙源换成造纸白泥后，铝土矿掺杂的吸附剂比表面积提高 4 倍，转化率更高。废弃物成分复杂，也难以处理，但同时其他成分对于吸附剂也会有促进作用。一种废弃物的掺杂影响不同，吸附剂在杂质的负面影响和有益成分的正向促进双重作用下，平衡吸脱附。比如粉煤灰中的 Al_2O_3 可以化学掺杂改性形成支撑骨架结构，SiO_2

可进行物理支撑，不仅是单一因素作用，可以从多种方面改性钙基吸附剂。

2.1.3.2　粉煤灰掺杂

粉煤灰是一种亲水表面和多孔结构的废弃物，其中，对吸附剂有促进作用的氧化物有：SiO_2、Al_2O_3、CaO、MgO（可占总含量的60%以上）；其他杂质有FeO、Fe_2O_3、SO_3、TiO_2等，也会对吸附剂产生影响。Yan等人[120,148]制备不同钙前驱体掺杂粉煤灰的吸附剂，以草酸钙为前驱体，掺杂10%粉煤灰时，30个循环后每克CaO吸附CO_2容量达到0.38g。将粉煤灰制成纳米SiO_2后能够与CaO形成Ca_2SiO_4，比表面积有很大提高，这降低了动力学阻力，从而提高吸附剂性能。粉煤灰掺杂CaO和MgO时制备的吸附剂具有优异的吸附性能，热力学和动力学分析证明了反应的自发性和可行性[127]。实验证明：粉煤灰掺杂时，其颗粒尺寸、有效成分含量、吸附剂类型、掺杂量等对吸附剂性能均有影响。灰分沉积3nm的微孔阻塞是粉煤灰改性钙基吸附剂转化率下降的主要原因[129]。

2.1.3.3　钢渣掺杂

钢渣废弃量占粗钢产量的15%~20%，其中Fe、Mn等微量元素能够促进吸附吸附，是一种良好的改性钙基吸附剂原料。我国作为钢铁大国，每年会废弃数百万吨的钢渣，造成了极大的环境污染和资源浪费。Tian等人[127]用钢渣掺杂制备改性钙基吸附剂，得到的吸附剂转化率为原来的10倍，每克吸附剂CO_2的最佳吸附量为0.5g，30次长周期循环后为0.25g。在吸附剂中MgO作为物理掺杂负载，Al_2O_3作为化学掺杂支撑改性，从而减缓吸附剂烧结。Yu等人[128]得出CO_2浓度较高时电炉渣的吸收性能优于转炉渣，而若CO_2浓度偏低，则吸附效果与钢渣种类无关。伊元荣等人[129]得出钢渣中的$Ca(OH)_2$、CaO、C_2S及C_3A等矿物均可吸收CO_2，且不会影响钢渣的进一步利用。

2.1.3.4　其他废弃物

稻壳是一种农用废弃物，富含纤维素、木质素、SiO_2，掺杂钙基吸附剂高温焙烧后可以形成丰富的孔以及具有机械强度的壳结构[135]。Sun将铝酸盐水泥和稻壳掺杂制备改性钙基CO_2吸附剂，制得了一种核-壳结构的颗粒，能够大幅提高CO_2吸收能力，且具有较好的机械性能便于生产中循环运用及流动。Ma等人[149]利用生物柴油副产物和MgO掺杂制备改性钙基CO_2吸附剂，得出加入生物柴油副产物可以使氧化镁和吸附剂均匀混合，副产物燃烧后有利于形成多孔形貌便于吸附。Yan[61]将光伏废物（$SiCl_4$）合成的废物衍生的纳米二氧化硅和钙基吸附剂简单干法混合，形成了稳定性极强的难熔矿物颗粒Ca_2SiO_4，从而大大提高了吸附剂的耐烧结性。

2.2　氮化硅和水泥掺杂大理石粉末衍生 CO₂ 吸附剂循环吸附性能研究

大理石因其悠久的开发历史和丰富的品种而闻名，20 世纪，中国生产了 1.3 亿平方米的大理石[150]。平均来说，在大理石切割和抛光的加工过程中，产生的大理石粉末（WMP）是原始大理石体积的 20%[151]，造成严重的资源浪费和粉尘污染。大理石粉末 $CaCO_3$ 含量 50% 以上，不需要烦琐的预处理，杂质影响小，是一种天然纯净的钙源。纯度高带来的负面影响就是其塔曼温度低，转化率衰减严重，因此对其进行改性，提高其吸附剂循环稳定性很有必要。常用的改性手段为添加掺杂剂，形成骨架结构，防止颗粒烧结，带来的阻止内部吸附剂颗粒"失活"。本节从物理掺杂和化学掺杂两个方面入手，同时掺杂氮化硅（Si_3N_4）和水泥改性大理石粉末吸附剂。

2.2.1　大理石粉末作为钙源的吸附性能研究

图 2-2 所示为循环前大理石粉末（YS）原样与 CaO 标准卡 XRD 对比图，由图可知，YS 的 XRD 峰位置与标准卡完全吻合，峰强度高，因此 YS 吸附剂结晶度好、纯净度高。无须复杂的预处理，是良好的吸附剂钙源。

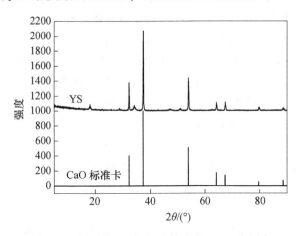

图 2-2　循环前 YS 与 CaO 标准卡 XRD 对比图

2.2.1.1　CO₂ 循环吸附条件的确定

大理石粉末中钙以 $CaCO_3$ 形式存在，因此经研磨过筛后，放入马弗炉中 800℃ 高温煅烧 3h，使得 Ca 以 CaO 形式存在，还可以除去粉末吸附的水分、CO₂ 等，处理后的大理石粉末含有 92.78% 的 CaO，具有很大的应用潜力。由前期研究可知，钙基吸附剂转化率的高低，与其吸附/脱附条件有很大关系，因此首先进行 YS 吸附剂最佳吸脱附温度和最佳吸脱附时间的预探究实验。

将预处理得到的 YS，利用热重分析仪（TGA）在测试条件气氛为 50%
N_2（50mL／min）、50%CO_2（50mL／min），升温速率 15K／min，温度区间 25～1000℃
的条件下进行 CO_2 吸附性能测试，得到 YS 的质量随碳酸化温度的变化结果如图 2
-3 所示。当 TG 对于温度求一阶导数时为 TG 随温度的变化速率曲线，dTG 越大，
说明在此温度下，吸附剂吸附/脱附速率越快，即为最佳吸附/脱附温度。

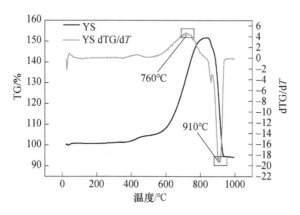

图 2-3　YS 质量变化曲线

由图 2-3 结果可知，当温度为 25～575℃时，YS 的 TG 和 dTG 曲线都相对平
缓，浮动不大，该温度段内 CO_2 吸附较少。当温度为 575～800℃时，dTG>0，质
量开始迅速上升，dTG 最大时为 760℃处，此时吸附速率最快，为最佳吸附温度。
当温度为 800～960℃时，dTG<0，脱附阶段质量迅速下降，dTG 最小时为 910℃
处，即为最佳脱附温度。934℃后质量不变，dTG=0，表示脱附完全。

因此，YS 原样的最佳吸附温度为 760℃，最佳脱附温度为 910℃。在热重中
进行循环吸附/脱附实验时，每个循环都要进行温度的升降程序。为节省时间，
简化实验步骤，循环实验均采用恒温变浓度吸脱附法。即 760℃下，CO_2 和 N_2 以
50mL／min 进行吸附，N_2 以 100mL／min 进行脱附。

图 2-4 所示为 YS 最佳吸脱附时间曲线。第一阶段为升温阶段，将 YS 在
100%N_2 氛围下从 25℃升温至 760℃，随后改变气氛为 50%CO_2 和 50%N_2 恒温
40min 进行吸附，90min 后气氛为 100%N_2 恒温保持 30min。升温阶段，吸附剂中
的 H_2O 和 CO_2 慢慢脱附，质量有所下降；吸附段吸附剂开始吸附 CO_2，约 15min
后质量慢慢平稳，达到吸附饱和，因此最佳吸附时间为 15min；脱附段通入 N_2
后，吸附剂质量快速下降，15min 后基本不变，完全脱附时间为 15min。

图 2-4 中 YS 质量为 6.27mg，最大吸附量为 155.27%，最小吸附量为
98.02%，由质量变化和物质的量守恒可以计算出 YS 中活性吸附的 CaO 量为 70%
（见式（2-2）），同理，由式（2-3）算出 γ 值为 0.7。

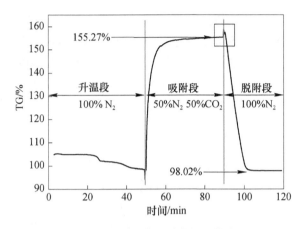

图 2-4 YS 最佳吸脱附时间曲线

$$n_{CaO} = n_{CO_2} \rightarrow \frac{m_{CaO}}{56g/mol} = \frac{m_{CO_2}}{44g/mol} \rightarrow m_{CaO} = \Delta TG \times \frac{56g/mol}{44g/mol} \quad (2-2)$$

$$\gamma = \frac{m_{CaO}}{m_{YS}} \times 100\% \quad (2-3)$$

综上所述，760℃下，YS 原样最佳 CO_2 循环吸附时间为 15min，最佳脱附时间为 15min。值得注意的是，图 2-4 中方框表示换气过程中突然出现的气流波动导致的质量突变，为精确实验，不采用突变短时间内的质量变化。

2.2.1.2 大理石粉末吸附性能

在 760℃，50mL/min CO_2 和 50mL/min N_2 吸附 15min，100mL/min N_2 脱附 15min 进行 YS 的循环吸脱附实验，结果如图 2-5 所示。由图 2-5（b）转化率曲线可知，YS 初始转化率为 79.18%，但是衰减趋势严重，10 个循环后只有 38.36%，下降了 40.82%。商业 CaO（或 $CaCO_3$）初始转化率能够高达 85% 左右，但 10 个循环后只有 30%，下降了 55%。相比之下，虽然 YS 初始转化率偏低，但是衰减更慢，因此 YS 是比商业 CaO 更加有潜力的钙源。

2.2.2 Si_3N_4 和水泥掺杂改性钙基 CO_2 吸附剂的单因素考察

大理石作为优质的吸附剂钙源，吸附性能良好，初始转化率能够达到 79.18%。但是其循环转化率下降很快，衰减严重，10 个循环后衰减 40.82%，不利于实际应用。一般来讲，钙基吸附剂的改性主要分为物理负载和化学改性两大类，由前期研究可知，Si_3N_4 和水泥均为良好的钙基吸附剂改性材料。Si_3N_4 为良好的惰性掺杂剂，能够提供丰富的比表面积，从而提高吸附剂性能。水泥中含有的 Al_2O_3 和 Ca 经过高温煅烧可以形成钙铝氧化物（$Ca_{12}Al_{14}O_{33}$）支撑骨架，阻

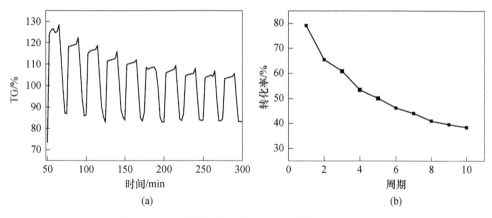

图 2-5　YS 原样吸附曲线（a）和转化率曲线（b）

止颗粒间烧结，利于 CO_2 扩散。Si_3N_4 和水泥分别从物理支撑和化学改性的两个方面改性大理石粉末，制备改性大理石粉末吸附剂。

2.2.2.1　Si_3N_4 掺杂量对钙基 CO_2 吸附剂性能的影响

何善传等人以葡萄糖酸钙为钙源，掺杂蔗糖制备的 Si_3N_4 制得的吸附剂能够在 15 个循环后保持 54.45% 的高循环转化率，循环转化率只下降了 1.41%，证明 Si_3N_4 是一种良好的物理掺杂惰性载体，能够提供丰富的比表面积，促进 CO_2 内部扩散，从而减少烧结阻碍 CaO 内部活性的反应。

在其他条件相同的条件下（掺杂 5% 水泥、800℃煅烧 3h），制备 Si_3N_4 掺杂量分别为 0、3%、5%、10%、15% 的大理石粉末钙基吸附剂（nSi_3N_4-5C-800-3）。按比例称取预处理后的 Si_3N_4、水泥、大理石粉末，混合后在玛瑙研钵中进行研磨，马弗炉 800℃高温煅烧 3h 即得不同 Si_3N_4 掺杂量的大理石粉末吸附剂。放入热重中进行循环吸附/脱附实验结果如图 2-6 所示。由图 2-6(b) 转化率曲线可知，掺杂 Si_3N_4 后吸附剂循环转化率整体提高 12%。5% 的 Si_3N_4 掺杂量时吸附效果最好。当掺杂量为 3% 时，吸附转化率提高 5% 左右，掺杂量较少，性能提高不明显；当掺杂量为 5% 时，吸附循环转化率最高，初始转化率能够达到 86.08%，10 个循环后衰减 37.21%；当掺杂量为 10% 和 15% 时，掺杂量过高，导致 CaO 有效成分含量降低，因此循环转化率有所降低，甚至低于大理石原样。整体曲线来看，掺杂 Si_3N_4 能够提高吸附剂转化率，但其仅为物理掺杂改性，对于吸附剂本身影响不大，因此衰减趋势仍与 YS 相似，有待进一步改性。

2.2.2.2　不同水泥掺杂量对钙基 CO_2 吸附剂性能的影响

许多学者研究表明，水泥中丰富的 Al_2O_3 能够和钙在高温煅烧下形成 $Ca_{12}Al_{14}O_{33}$，在吸附剂内部形成支撑骨架结构，促进 CO_2 在吸附间的扩散，提

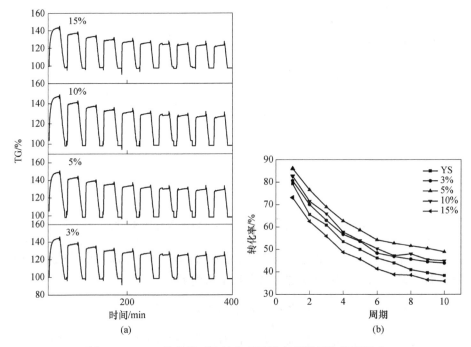

图 2-6　Si_3N_4 掺杂量对改性大理石粉末吸附剂性能的影响

(a) TG 曲线；(b) 转化率曲线

高吸附剂的活性反应接触面积，减轻颗粒间融合，防止因烧结在吸附剂外部表面形成包裹壳，阻止 CO_2 向内部扩散。在其他条件相同的条件下（掺杂 5%Si_3N_4、800℃煅烧 3h），制备水泥掺杂量分别为 0、3%、5%、10%、15%的大理石粉末钙基吸附剂（$5Si_3N_4$-nC-800-3）。按比例称取预处理后的 Si_3N_4、水泥、大理石粉末，混合后在玛瑙研钵中进行研磨，马弗炉 800℃高温煅烧 3h 即得不同水泥掺杂量的大理石粉末吸附剂。放入热重中进行循环吸附/脱附实验结果如图 2-7 所示。

图 2-7（b）所示为不同水泥掺杂量的吸附剂和 YS 转化率比较结果，由图可知，当掺杂量为 3%时，吸附剂整体趋势相似，第 7 个循环后吸附剂衰减趋势放缓，10 个循环后 $5Si_3N_4$-3C-800-3 转化率比 YS 高 5%，性能提高不明显。当掺杂量为 5%时，吸附剂整体性能明显大幅度提升，虽然初始转化率只有 74.52%，比 YS 低 5%，但经过 10 个循环后，转化率能够保持在 58.56%，比 YS 高 20.2%。经过 10 个循环后，$5Si_3N_4$-5C-800-3 吸附剂转化率下降 15.97%，比 YS 少下降 24.85%，说明其循环稳定性更加稳定。当掺杂量为 10%时，吸附剂转化率呈现了一种自活化转化率上升的趋势，初始转化率只有 56.8%，但在前 5 个循环均保持上升，在第 5 个循环达到最大转化率 65.66%，且能够在后面的 5 个循环中保持稳定，超过其他掺杂量吸附剂转化率，衰减趋势不明显。这可能是由于

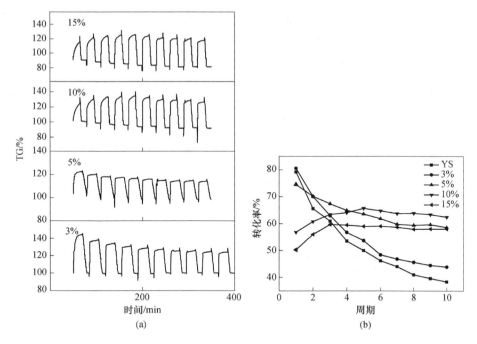

图 2-7　水泥掺杂量对改性大理石粉末循环吸附性能的影响
（a）TG 曲线；（b）转化率曲线

$Ca_{12}Al_{14}O_{33}$ 骨架对于吸附剂的支撑，使得软骨架中活性低的 CaO 对于活性高的 CaO 包裹降低，循环后能够有效减缓软骨架烧结，促进 CO_2 固态扩散，从而表现出自活化转化率上升趋势。当掺杂量为 15% 时，吸附剂转化率趋势与 10% 掺杂量相似，在前 3 个循环也有上升趋势，但可能是由于掺杂剂量过多，使得 CaO 含量降低，导致吸附量减少。因此，为了在吸附剂具有较高转化率的同时，保证其具有更高的循环稳定性，采用 10% 水泥掺杂量为最佳水泥掺杂量。

2.2.2.3　预煅烧温度对钙基 CO_2 吸附剂性能的影响

当 Al_2O_3 掺杂钙基吸附剂时，煅烧温度越高，其形成的支撑骨架就越稳定，更加有利于吸附剂的循环吸附[152,153]。当水泥掺杂量为 10% 时，吸附剂转化率呈现自活化上升趋势之后稳定，而根据研究循环煅烧温度会影响自活化效果，煅烧温度越高，会增强 CaO 软骨架的烧结，从而影响 CO_2 的固态扩散，降低自活化转化率[154,155]。因此实验探究最佳预煅烧温度很有必要。在 5%Si_3N_4、10% 水泥掺杂大理石粉末煅烧 3h 的条件下，制备不同煅烧温度（750℃、800℃、850℃、900℃）的钙基吸附剂。放入热重中进行循环吸附/脱附实验，结果如图 2-8 所示。由图 2-8（b）转化率曲线可知，不同预煅烧温度制备的钙基吸附剂大致的衰减趋势相同，转化率极差为 3.3%。当煅烧温度偏低时（750℃），自活化效果明显，转化率共增长 10.86%；当预煅烧温度升高时，自活化作用减弱，850℃煅烧时转化率极差仅为 5.86%。当预煅烧温度为 850℃ 时，在 $Ca_{12}Al_{14}O_{33}$ 的支撑和自活化作用这两种功能的共同作用下吸附剂展示出优异的循环稳定性。

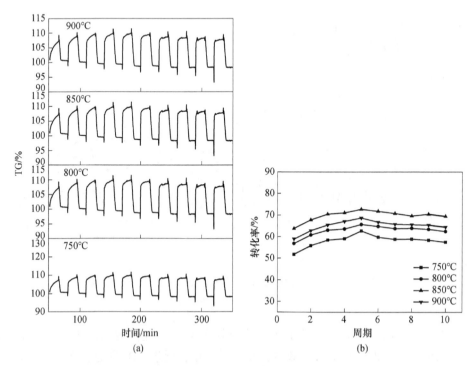

图 2-8　预煅烧温度对改性大理石粉末循环吸附性能的影响
（a）TG 曲线；（b）转化率曲线

2.2.2.4　预煅烧时间对钙基 CO_2 吸附剂性能的影响

以 5%Si_3N_4、10% 的水泥掺杂大理石粉末 850℃ 下预煅烧不同时间（2h、3h、4h、5h）制备大理石粉末钙基吸附剂，然后放入热重中测试其循环吸附性能如图 2-9 所示。当预煅烧时间为 3h 时，吸附剂转化率最高，最大转化率为 65.66%，10 个循环后达到 62.4%，且保持稳定；当预煅烧时间过长（5h）时，会使吸附剂中多孔软骨架烧结更加严重，降低自活化，吸附剂转化率上升不明显。整体来讲当预煅烧时间不同时，吸附剂转化率大致相同，预煅烧时间过长对吸附剂自活化性能产生影响，CO_2 固态扩散受阻，吸附剂转化率偏低。

由 Si_3N_4 和水泥掺杂改性钙基 CO_2 吸附剂的单因素考察结果可知，当 Si_3N_4 掺杂量为 5%，水泥掺杂量为 10%，预煅烧温度为 850℃，预煅烧时间为 3h 时，即 5Si_3N_4-10C-850-3 制备的改性钙基 CO_2 吸附剂吸附性能最好。进一步对其进行长循环实验。

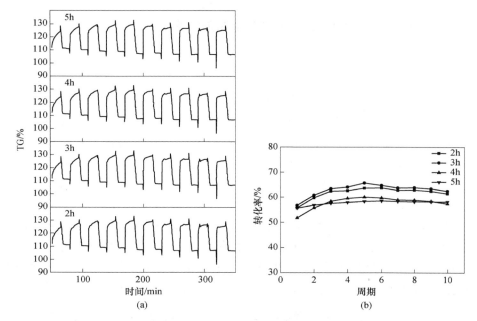

图 2-9 预煅烧时间对改性大理石粉末循环吸附性能的影响

（a）TG 曲线；（b）转化率曲线

2.2.3 长周期循环对 Si_3N_4 和水泥掺杂改性钙基 CO_2 吸附剂循环性能的影响

为了考察 5Si_3N_4-10C-850-3 长周期循环稳定性，将其进行 20 个周期的长循环，如图 2-10 所示。从图中结果得出，5Si_3N_4-10C-850-3 循环转化率从第 1 次循环的 56.80% 经自活化上升到第 5 个循环的 65.66%，到第 20 次循环的 59.62%（下降了 6%）。经过长循环发现，制备的 5Si_3N_4-10C-850-3 吸附剂循环稳定性较好，能够保持长周期的循环利用。

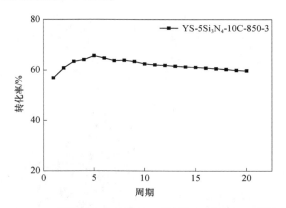

图 2-10 Si_3H_4 和水泥掺杂改性钙基吸附剂长周期循环吸附转化率曲线

2.2.4 Si_3N_4 和水泥掺杂改性钙基 CO_2 吸附剂的表征

2.2.4.1 形貌表征

图 2-11 所示为 Si_3N_4 和水泥掺杂改性钙基 CO_2 吸附剂的 SEM 分析。由图 2-11(a) 和 (b) 可知，掺杂剂的形貌为块状，颗粒尺寸较小。对比图 2-11(c) 和 (d) 可知，大理石粉末单独掺杂 Si_3N_4 和水泥经高温煅烧预处理后，掺杂 Si_3N_4 的吸附剂以两种不同尺寸的颗粒混合形貌存在，也可以看出 Si_3N_4 仅为物理掺杂，起到为吸附剂提供惰性载体的作用；而水泥的掺杂经过高温煅烧后形成了 $Ca_{12}Al_{14}O_{33}$ 以均匀形成的颗粒状存在。图 2-11(a)~(c) 整体 YS 规则立方体结构还在，而铝的添加则新增了新形貌的吸附剂从而改变吸附表现。图 2-11(d)~(g) 为样品 5Si_3N_4-10C-850-3 循环吸附前、10 次循环后、20 次循环后吸附剂的 SEM 图，可以看出 10 次循环后吸附剂有轻微的转化率下降，吸附剂表面产生裂痕；20 次循环后，吸附剂表面产生了更加深的裂纹，说明烧结更加严重。

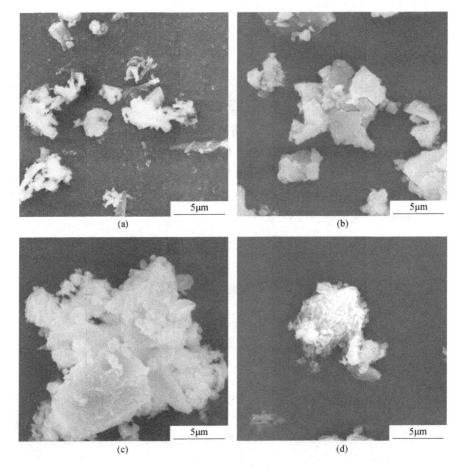

5μm

(a)

5μm

(b)

5μm

(c)

5μm

(d)

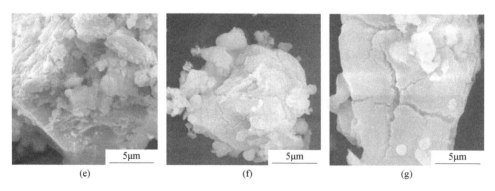

图 2-11 Si_3N_4 和水泥掺杂改性钙基 CO_2 吸附剂的 SEM 分析

(a) Si_3N_4-α；(b) 水泥；(c) YS-15%Si_3N_4-850-3；(d) YS-15%水泥-850-3；

(e) 5Si_3N_4-10C-850-3；(f) 5Si_3N_4-10C-850-3 10 次循环后；(g) 5Si_3N_4-10C-850-3 20 次循环后

2.2.4.2 BET 分析

表 2-1 为 YS 原样以及制备的最佳吸附剂样品的比表面积测试结果，结合其转化率曲线可以得到：YS 的比表面积、总孔体积和平均孔径均比商业 CaO 更高，因此转化率更高。由于掺杂剂的不纯，吸附剂形成新的颗粒尺寸更小，比表面积也有所降低，从而使得吸附剂初始转化率只有 56.80%，远小于 YS 原样和商业 CaO。这可能是由于自活化尚未开始，煅烧形成的 $Ca_{12}Al_{14}O_{33}$ 硬骨架不够坚固。随着不断吸脱附下高温煅烧，$Ca_{12}Al_{14}O_{33}$ 骨架的作用更强，自活化也使得转化率有所上升。结合图 2-12 和图 2-13 可知：YS 和最佳样品均为 Ⅱ 型大孔材料，吸附剂表面有很强的相互作用。由图 2-13(b) 孔径分布曲线可知，YS 和最佳样品是孔径均在 2~50nm 的介孔材料，两者主要孔径在 3~5nm 之间，但是 YS 有较多孔径在 5~15nm 之间，因此其平均孔径更大。

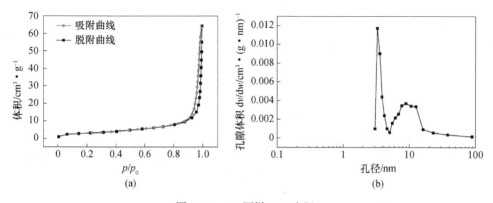

图 2-12 YS 原样 BET 表征

(a) N_2 吸附-脱附曲线；(b) 孔径分布曲线

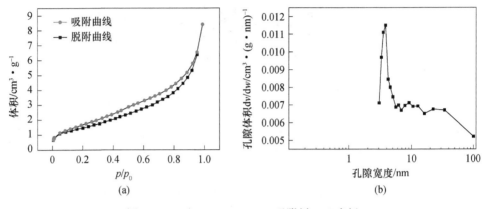

图 2-13   5Si_3N_4-10C-850-3 吸附剂 BET 表征

（a）N_2 吸附-脱附曲线；（b）孔径分布曲线

表 2-1   不同样品的 BET 表征结果

样品	比表面积/$m^2 \cdot g^{-1}$	总孔体积/$cm^3 \cdot g^{-1}$	平均孔径/nm
CaO	9.921	0.0601	24.2251
YS	16.611	0.0990	35.5210
5Si_3N_4-10C-850-3	5.259	0.0126	9.6134

2.3   稀土废弃物掺杂改性钙基 CO_2 吸附剂循环吸附性能研究

本节仍以大理石粉末为钙源，制备改性钙基 CO_2 吸附剂。物理掺杂和化学掺杂对于吸附剂的改性原理不同、作用不同，同时进行物理掺杂改性和化学掺杂改性能够更好地提高吸附剂性能。氧化铈（CeO_2）具有丰富的氧空位，熔点 1950℃，是一种具有极高热稳定性的化合物。RePP 是指一种以氧化铈（CeO_2）为主体成分用于提高制品或零件表面光洁度的混合轻稀土氧化物的粉末。商业 RePP 中的 CeO_2 通常在 50%~70% 之间。稀土废弃物纯化过程简单、产品纯度高，甚至高于 90%[156~158]。因此，废物改性值得在含有稀土元素的吸附剂上进行，是一种具有潜力的钙基吸附剂改性掺杂剂。

YS 循环吸附条件考察实验确定了最佳吸附/脱附条件，大理石粉末的改性钙基吸附剂在热重中性能测定仍采用 760℃ 吸脱附温度，吸附时间和脱附时间均为 15min。主要研究了混合—煅烧法和湿法混合—煅烧法掺杂 CeO_2 和硝酸铈（$Ce(NO_3)_3$）得到最佳制备方法和更好的掺杂剂。同时对比掺杂废稀土抛光粉（RePP）后的吸附剂性能，并在最佳条件下制备的 RePP 掺杂改性钙基吸附剂进行 50 次长循环，观察其循环稳定性。

2.3.1 制备方法和掺杂剂种类的选择

2.3.1.1 制备方法的改性效果

本节采用混合—煅烧法和湿法混合—煅烧法掺杂 CeO_2 和 $Ce(NO_3)_3$，在同等 20%（质量分数）掺杂量，850℃ 下煅烧 3h 制备改性钙基吸附剂。

混合—煅烧法掺杂 CeO_2（YS-15% CeO_2-D）的制备：称取 1g 预煅烧处理后的钙源 YS，0.20g 干燥后的分析纯 CeO_2，放入玛瑙研钵中混合研磨均匀后，倒入舟形坩埚中，放入马弗炉 850℃ 煅烧 3h，制得混合—煅烧法制备的改性钙基吸附剂。

湿法混合—煅烧法掺杂 CeO_2（YS-15% CeO_2-H）的制备：称取 1g 预煅烧处理后的钙源 YS，0.20g 干燥后的分析纯 CeO_2，加入 20mL 蒸馏水，加热搅拌 20min，控制温度不超过 100℃，放入烘箱，120℃ 烘干后，放入马弗炉 850℃ 煅烧 3h，制得湿法混合—煅烧法制备的改性钙基吸附剂。

图 2-14 所示为不同掺杂剂及制备方法的改性大理石粉末吸附剂的 XRD 图，由图可知两种制备方法均没有产生新的化合物，仍以 CaO 和 CeO_2 两种化合物为主体。其中 CeO_2 的熔点 1950℃，经过湿法混合，掺杂剂颗粒能够更加均匀地分布在吸附剂中，有效地抑制吸附剂颗粒间的融合，减少烧结，因此吸附剂循环稳定性有所提高。所以，在其他条件相同的条件下，湿法混合—煅烧法制备的改性钙基吸附剂吸附转化率更高，循环稳定性更强。

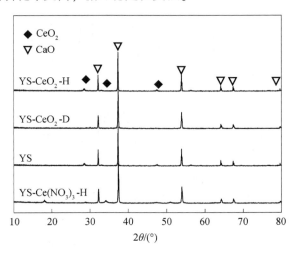

图 2-14 不同掺杂剂及制备方法的改性大理石粉末吸附剂的 XRD 图

由图 2-14 结果可知，两种掺杂剂进行掺杂煅烧后，Ce 元素均以 CeO_2 的形式存在于吸附剂颗粒中，$Ce(NO_3)_3$ 经高温煅烧后分解成 CeO_2 和 NO_2。掺杂同样质量分数的掺杂剂情况下，$Ce(NO_3)_3$ 物质的量更小，生成的 CeO_2 也相对较少，但是分解产生的 NO_2 在扩散过程中能够产生更多的孔隙，形成更加多孔的表面形貌，更加有利于 CO_2 的扩散，因此吸附剂的转化率和循环稳定性都有了很大程度的提高。

2.3.1.2 掺杂剂的改性效果

将吸附剂放入热重中 760℃，吸附/脱附时间 15min，进行循环吸附/脱附实验，TG 曲线如图 2-15 所示，转化率曲线如图 2-16 所示。由图 2-15 可以看出：YS 原样的关键问题是转化率衰减严重。经过混合—煅烧法掺杂 CeO_2 后，衰减趋势仍相似。经过湿法混合—煅烧法后吸附剂衰减速率明显下降，吸附量整体明显提高。由图 2-16 可以看出，混合—煅烧法掺杂将吸附剂转化率整体提高了 10%，但衰减趋势仍相似，因此吸附剂稳定性并未得到良好的改善。而在其他条件相同的情况下经过湿法混合—煅烧法制备的吸附剂，由转化率曲线明显看出，衰减趋势得到了很大程度上的改进，10 个循环后转化率只降低 15%，比混合—煅烧法高 17.5%，循环吸附稳定性好。

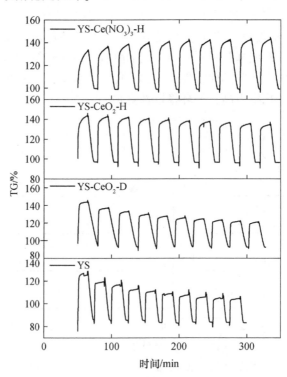

图 2-15 不同制备方法和不同掺杂剂改性大理石粉末的 TG 曲线

掺杂 $Ce(NO_3)_3$ 的吸附剂 YS-$Ce(NO_3)_3$-H 出现了"自活化"现象，吸附剂第一个循环转化率的大小取决于外部软骨架 CaO 颗粒的吸脱附平衡，因此前几个

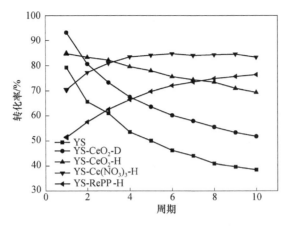

图 2-16 不同制备方法和不同掺杂剂改性大理石粉末的转化率曲线

循环转化率偏低。随着硬骨架在多次煅烧后更加坚硬，在前 6 个循环转化率逐渐上升。另外这种显现的产生可能主要由于 Ce 含有丰富的氧空位，可以产生氧负离子（O^{2-}），当 CO_2 扩散时能够和氧空位结合，生成 CO_3^{2-}，CO_3^{2-} 继续分解为 CO_2 和 O^{2-}，从而完成 CO_2 的固态内部扩散，提高吸附剂颗粒的有效利用率。CO_2 内部固态扩散过程见式（2-4）。

$$CO_2 + O^{2-} \longrightarrow CO_3^{2-} \longrightarrow CO_2 + O^{2-} \longrightarrow CO_3^{2-} \qquad (2-4)$$

综上所述，首先在热稳定性极强的 CeO_2 颗粒间隔下，能够有效抑制大理石粉末颗粒间的烧结；其次 CeO_2 丰富的氧空位利于 CO_2 在吸附剂中的固态扩散，从而激发吸附剂的"自活化"，使得吸附剂转化率在初期有上升趋势，这两点是 CeO_2 掺杂改性大理石粉末吸附剂性能得到很大提高的原因。湿法混合—煅烧法制备的改性吸附剂中 CeO_2 掺杂剂颗粒分布更加均匀，使得吸附剂性能更好。而掺杂 $Ce(NO_3)_3$ 的吸附剂因为分解气体的产生，表面形貌更好，更加有利于气体的扩散，从而更好地提高吸附剂性能。因此采用湿法混合—煅烧法，掺杂 $Ce(NO_3)_3$ 制备的改性大理石粉末钙基吸附剂拥有最佳的吸附性能，具有最良好的应用前景。

2.3.1.3 掺杂废弃稀土抛光粉的改性效果

国外研究人员对稀土废弃物进行了研究，通过溶解—再沉淀的方法，从废稀土抛光粉（RePP）、废稀土荧光粉、电子废物和稀土磁材器件等稀土废弃物中提取稀土氧化物，纯度可达95%以上。但其回收过程流程烦琐，产生大量废水，对于环境造成极大危害。市售 RePP 中的 CeO_2 含量通常在 50%~70% 之间，可以省去烦琐的提纯过程即可用于钙基吸附剂改性，具有很大的应用潜力。因此，采用 RePP 湿法混合—煅烧法改性大理石粉末钙基吸附剂，其 XRD 结果如图 2-17 所示，Ce 和 La 两种元素 XPS 结果如图 2-18 所示。

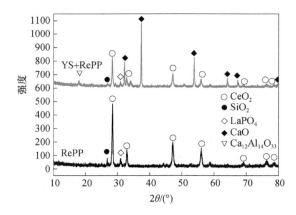

图 2-17   RePP 湿法混合—煅烧法改性大理石粉末钙基吸附剂的 XRD 图

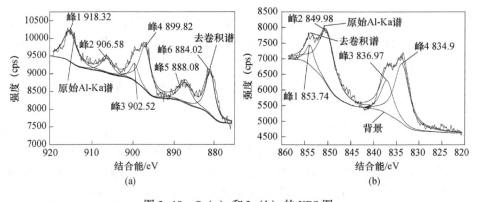

图 2-18   Ce(a) 和 La(b) 的 XPS 图

结合图 2-17 和图 2-18 可知，经过 RePP 掺杂的改性大理石粉末钙基吸附剂中，Ce 以 +4 价 CeO_2 的形式，La 以 +3 价 La_2O_3 的形式存在于吸附剂中，两种稀土元素均以较为稳定的氧化物形式存在，热稳定性极强，有效抑制了吸附剂颗粒间的烧结。且 RePP 中其余的化合物，如氧化钇（Y_2O_3）和氧化铝（Al_2O_3）也有利于提高吸附剂的性能，能够从多个方面实现吸附剂掺杂性能改进。

在热重中进行吸附/脱附循环实验得到的结果如图 2-16 所示。由吸附剂转化率可知，在多种有益掺杂化合物的共同作用下，掺杂 RePP 的改性大理石钙基吸附剂虽然初始转化率较低，只有 51.42%，但其保持了更高的自活化性能，随着循环次数的增加，循环转化率不断攀升，慢慢接近 75% 左右趋于稳定，在 10 个循环后接近分析纯 $Ce(NO_3)_3$ 掺杂的循环转化率。5% 左右的循环转化率差距是由于废弃物中的少量杂质必然会对吸附剂产生一定量的影响，因此 RePP 掺杂是一种具有良好应用前景的废弃物掺杂剂。10 个循环后吸附剂仍然保留较高的吸附容量，因此有必要进行长循环吸附效果研究其性能变化。

2.3.2　掺杂稀土废弃物的钙基 CO₂ 吸附剂的单因素考察

2.3.2.1　掺杂量的单因素考察

利用湿法混合—煅烧法掺杂 RePP 制备的钙基吸附剂具有良好的吸附性能。图 2-19 所示为不同掺杂量的 RePP 对改性大理石钙基吸附剂循环吸附性能的影响。对比大理石原样的吸附曲线，经湿法混合—煅烧法，在其他处理条件相同（800℃煅烧 3h）的情况下，分别掺杂 5%、10%、15%、20% 的 RePP，制备不同掺杂量的大理石粉末吸附剂。将吸附剂放入热重中，760℃条件下，循环吸附/脱附各 15min。由图 2-19（b）可知：YS 原样在第一次吸附时具有较高的转化率，但在 10 次循环后，转化率下降 40%，衰减严重。掺杂 RePP 后，吸附剂性能得到了明显的提高。当掺杂量为 5%，掺杂量偏少，虽整体转化率提高，但 10 个循环后转化率仍下降 15.93%；当掺杂量为 10% 时，前 4 个循环转化率也有些许上升，存在自活化现象，但 4 个循环之后，下降趋势同 5% 掺杂时的趋势，说明 10% RePP 的掺杂已经开始在一定程度上改变吸附剂烧结；当掺杂量为 15% 时，在前 5 个循环转化率呈现 14% 的自活化上升，且在 5~10 个循环稳定保持 84% 左右的循环转化率；当掺杂量为 20% 时，转化率趋势与掺杂量为 15% 相似，但 10 个循环后有 6% 左右的差距。值得注意的是，当掺杂量较低时（5%、10%）吸附剂初始转化率极高，但是其衰减速率也较快，10 个循环后 15% 掺杂量的吸附剂转化率和低掺杂量相同，而低掺杂量吸附剂转化率仍为下降趋势，掺杂量为 15% 时的转化率稳定，更多循环后能够反超低掺杂量吸附剂，因此 15% 为吸附剂最佳掺杂量，能够保持较高的自活化上升以及稳定高效的多循环转化率。

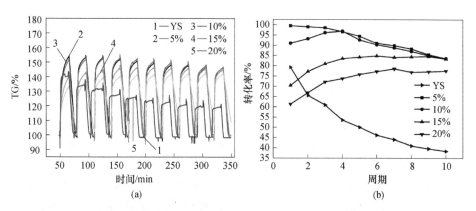

图 2-19　不同掺杂量的 RePP 对改性大理石钙基吸附剂循环吸附性能的影响

（a）TG 曲线；（b）转化率曲线

2.3.2.2 预煅烧温度的单因素考察

利用湿法混合—煅烧法，掺杂 15% RePP 制备的钙基吸附剂具有良好的吸附性能。图 2-20 所示为不同预煅烧温度对 RePP 改性大理石钙基吸附剂循环吸附性能的影响。在 15%掺杂量，固定 3h 预煅烧时间的情况下，分别制备预煅烧温度为 750℃、800℃、850℃、900℃的 RePP 掺杂改性的大理石粉末吸附剂。将吸附剂放入热重中，760℃条件下，循环吸附/脱附各 15min。如图 2-20(b) 所示，在最佳掺杂量 15%的条件下，RePP 掺杂对于吸附剂性能的改善作用一定，因此转化率趋势相似，10 个循环后能够保持 83.29%的转化率。由图明显看出，当预煅烧温度为 800℃时，吸附剂性能明显高于其他煅烧温度。煅烧温度过低，硬骨架形成不够稳定；煅烧温度过高时，非活性 CaO 包裹活性 CaO 形成的软骨架烧结被增强，因此不利于 CO_2 的固态扩散，从而影响吸附剂性能[81]。过高的预煅烧温度同样可能会造成吸附剂孔隙容易发生坍塌。

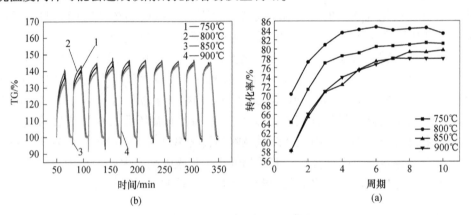

图 2-20　不同预煅烧温度对改性大理石钙基吸附剂循环吸附性能的影响
(a) TG 曲线；(b) 转化率曲线

2.3.2.3 预煅烧时间的单因素考察

利用湿法混合—煅烧法，掺杂 15%RePP，800℃煅烧制备的钙基吸附剂具有良好的吸附性能。在此条件下，图 2-21 所示为不同预煅烧时间对 RePP 改性大理石钙基吸附剂循环吸附性能的影响。在 15%掺杂量，800℃预煅烧温度的情况下，分别制备预煅烧时间为 2h、3h、4h、5h 的 RePP 掺杂改性的大理石粉末吸附剂。将吸附剂放入热重中，760℃条件下，循环吸附/脱附各 15min 进行循环吸脱附实验。如图 2-21(b) 所示，在同等掺杂量和预煅烧温度下，不同煅烧时间制备的吸附剂转化利率趋势相似。相比之下，预煅烧时间为 2h 时 10 个循环内转化率达到 25%以上；预煅烧 3h 的吸附剂整体转化率最高，能够在 10 个循环内从

70%上升到83%。预煅烧时间偏短，可以减少软骨架的烧结，促进CO_2的固态扩散，因此其自活化性能更好，循环转化率上升最多。

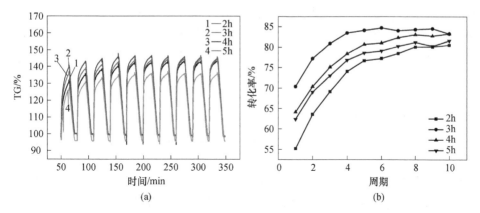

图 2-21 不同预煅烧时间对改性大理石钙基吸附剂循环吸附性能的影响
（a）TG 曲线；（b）转化率曲线

综上所述，制备 RePP 掺杂改性大理石粉末最佳的制备条件为 15%掺杂量、800℃下预煅烧 3h。制得的吸附剂初始转化率为 70.38%，10 个循环后能够稳定保持在 83.29%左右。因此其长循环的吸附情况仍有待考察。

2.3.3 长周期循环对稀土掺杂改性大理石粉末钙基 CO_2 吸附剂的影响

由 RePP 掺杂改性大理石粉末钙基 CO_2 吸附剂的单因素考察结果得知，在掺杂量为 15%、800℃预煅烧 3h 条件下制备的吸附剂（YS-15-RePP-800-3）循环吸附效果最好。10 个循环后能够稳定保持在 83.29%左右。因此对其长循环（50次循环）的吸附性能进行考察，结果如图 2-22 所示。

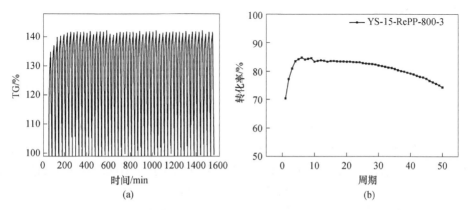

图 2-22 长周期循环对 RePP 改性大理石钙基吸附剂循环吸附性能的影响
（a）TG 曲线；（b）转化率曲线

　　由图 2-22(b) 可知，初始转化率为 70.38%，在第 6 次循环达到最大转化率 84.73%，吸附剂转化率保持 6 个循环的上升，7~30 个循环基本稳定保持 83% 左右的转化率。但在 30 次循环后，吸附剂转化率有所下降，50 次循环后，达到 74.29%。降低 10%。这可能是由于长循环多次的吸附/脱附煅烧过程使得吸附剂的骨架有所坍塌。经过多次循环后，吸附剂颗粒间难免会出现烧结，阻止 CO_2 的进一步扩散。

　　在现有研究中，吸附剂长循环转化率前 30 个循环中衰减，转化率基本不超过 50%，在第 50 个循环后约为 30%，表 2-2 列出了部分改性钙基吸附剂长循环情况。由表中结果可知，当吸附剂为不同钙源时，吸附剂衰减严重，经过长循环后，转化率不超过 30%。当掺杂剂介入后，吸附剂循环稳定性明显提高，长循环后转化率损失速率降低一半以上，基本介于 10%~20% 之间。掺杂铝的吸附剂改性效果明显，能够在 50 个循环后保持 68% 的转化率。作为废弃物掺杂，RePP 改性大理石粉末钙基吸附剂具有良好的应用前景。

表 2-2　改性钙基吸附剂长循环转化率

改性方法	制备方法	循环次数/次	长循环后转化率/%	转化率减少量/%
不同钙源[159]	沉淀法	50	35	40
石灰石[160]	不同粒径	80	30	53
柠檬酸钙[161]	湿法混合	50	81	18
稻壳灰掺杂[70]	湿法混合	50	42	39
掺杂 Al_2O_3[162]	溶胶凝胶法	50	68.3	11.7
YS-15-RePP-800-3	湿法混合—煅烧法	50	74.29	10

2.3.4　吸附剂表征

2.3.4.1　吸附剂形貌表征

　　图 2-23 所示为不同稀土改性大理石粉末钙基 CO_2 吸附剂的 SEM 图。可以看出，大理石粉末具有规则的立方体形貌，结晶性好。图 2-23(a) 和 (b) 对比可知混合—煅烧法掺杂 CeO_2 后并没有改变吸附剂的微观形貌，CeO_2 颗粒只是简单的掺杂分布在吸附剂颗粒中。由于 CeO_2 的热稳定性极高，从而提高了吸附剂转化率，但没有改变大理石粉末吸附剂颗粒的其他性质，因此总体衰减趋势仍然相似。由图 2-23(b) 和 (c) 对比可知，通过混合—煅烧法和湿法混合—煅烧法制备的吸附剂具有明显不同的形貌，大理石粉末经过溶解，完全失去了原来的结晶规则形貌，经过重干燥成型后，吸附剂形貌如图 2-23(c) 所示。掺杂颗粒

和大理石粉末形成了均匀混合的颗粒，整体更像是很多颗粒的堆积，从而具有丰富的孔隙结构，使得吸附剂内部孔隙也更加疏松，有利于 CO_2 内部扩散，因此湿法掺杂稀土元素能够使得吸附剂循环稳定性增加。YS-RePP-H 的形貌与湿法掺杂 CeO_2 形貌相同，因此吸附剂转化率相似。

图 2-23　RePP 掺杂改性大理石粉末钙基 CO_2 吸附剂的 SEM 图

(a) YS 原样组图；(b) YS-CeO_2-D 组图；(c) YS-CeO_2-H 组图；(d) YS-RePP-H 组图

1—预煅烧后放大 5000 倍；2—预煅烧后放大 20000 倍；3—10 个循环后 20000 倍；4—预煅烧
后放大 5000 倍；5—10 个循环后 20000 倍；6—50 个循环后 20000 倍

10 个循环吸附/脱附后，YS 原样表面有很大的裂纹，吸附剂烧结严重，转化率也偏低。干法掺杂 CeO_2 后，吸附剂表面出现裂痕，CeO_2 的掺杂确实能够阻止颗粒间烧结，减少吸附剂表面的塔曼效应。对比图 2-23(c) 湿法掺杂—煅烧制备的吸附剂，在 10 个循环后，除颗粒间的孔隙外，吸附剂颗粒表面有些许裂痕。

图 2-23(d) 中 6 经过 50 个长循环后，吸附剂颗粒表面已经有了明显的裂痕，随着循环的增加，30 次循环后，转化率有所下降。

2.3.4.2　吸附剂比表面积表征

所制备吸附剂的 BET 试验结果列于表 2-3 中。在掺杂 CeO_2 颗粒后，改性吸附剂获得更高的比表面积和更窄的平均孔径，与 SEM 结果一致。结合 BET 比表面积，很明显解释 YS-RePP-H 在第一过程中显示出比原始吸附剂材料更低的转化率，相应地，初始比表面积更低。YS-RePP-H 的颗粒尺寸小于 YS-CeO₂-H，因此比表面积更高，BET 中的平均孔径更低[163]。YS-CeO₂-H 表现出比干法更低的第一吸附和解吸性能，这是 S_{BET}、孔体积和平均孔径较低的结果[152]。

表 2-3　RePP 改性吸附剂 BET 表征结果

样品	$S_{BET}/m^2 \cdot g^{-1}$	孔容/$cm^3 \cdot g^{-1}$	平均孔径/nm
YS	16.611	0.099	37.521
YS-H	9.517	0.031	13.085
YS-CeO₂-D	18.979	0.065	21.542
YS-CeO₂-H	15.928	0.051	20.183
YS-RePP-H	6.311	0.017	11.704

15%YS-RePP-H 吸附剂的 N_2 吸附-解吸等温线（见图 2-24 (a)）显示了 II 型[164]的象征性特征。并且 H_3 磁滞回线的小区域可以代表粒度的均匀分布，这也进一步说明了相应的孔径分布曲线（见图 2-24 (b)）[165]。原料粒径主要集中在 3~20nm。水合后，粒径变得更加规则。所有粒径和孔分布均与 SEM 结果一致。

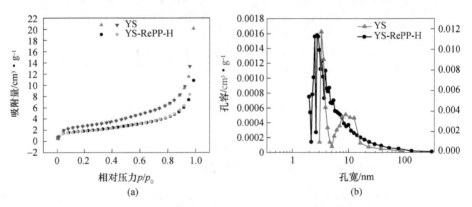

图 2-24　YS 和 RePP 改性后的大理石粉末钙基吸附剂的 N_2
吸附-脱附曲线（a）和孔径分布曲线（b）

3 固体废弃物衍生 CO_2 吸附剂

3.1 概述

3.1.1 固体废弃物对环境的危害

固体废弃物通常指人类生产生活过程中产生的固态、半固态废弃物。主要包括工业废物、农业废物、放射性废物、矿渣和城市垃圾等。据 2019 年发布的《2018 年全国大、中城市固体废物污染环境防治年报》，2017 年全国 202 个大、中城市生活垃圾产生量 20194.4 万吨，处置量 20084.3 万吨，处置率达 99.5%。目前，我国固体废弃物产出量大、利用率低，堆积占用了大量土地。城市垃圾日益增多，许多地方出现了"垃圾围城"现象。据统计[166]，各类固体废弃物历年累计堆存量已达到 64.6 亿吨，堆放占地 556.97 平方千米，其中耕地面积为 38 平方千米。露天堆放的固体废弃物被雨水淋湿会浸出金属离子、酸、碱、盐等有害成分，污染土地、地下水资源。而直接排放到江、河、湖、海的固体垃圾对于水体和水生物的危害更加明显。废渣在大风天气下产生扬尘，有些废渣长期堆放还可能产生有害气体。例如煤矸石含有黄铁矿，自燃会产生 SO_2；焚烧塑料类垃圾会产生氯和其他有毒气体等。固体废弃物特别是尾矿的堆置有很大的安全隐患，恶劣天气可能会导致尾矿堆倒塌形成泥石流，淹没农田、公路，堵塞河道。不仅难以清理还会造成严重污染。

3.1.2 固体废弃物的综合利用

由于环境污染日益严重和自然资源逐渐枯竭，在解决废渣污染问题的同时也应该看到固体废弃物仍是一种可开发的资源，只要对其合理利用，就能"变废为宝"。2010 年，国家发展改革委、科技部、工业和信息化部等 6 部委联合发布《中国资源综合利用技术政策大纲》，共提出 257 项具体技术。要求到 2015 年，大宗固体废物综合利用率达到 50%，其中工业固体废物综合利用率达到 72%，新增 3 亿吨的年利废能力。基本形成技术先进、集约高效、链条衔接、布局合理的大宗固体废物综合利用体系。固体废弃物综合利用的方法主要包括：单纯再利用、部分回收再利用、能量回收利用和生产建材、化肥等其他新产品[167,168]。

　　我国是铝业大国，铝产量占世界总产量的 44.28%。因此选矿和炼铝时的废渣——尾矿和赤泥排放量惊人，且造成日益严重的环境问题。目前，对铝土矿尾矿主要应用是将其制成耐火黏土、建筑材料、水泥和瓷砖等实现尾矿资源化利用[169~171]。而赤泥特别是拜耳法赤泥还未实现大规模资源化应用，但对拜耳法赤泥的综合利用仍然进行了大量研究。主要体现在提取有价金属、处理废气和污水、改良酸性土壤、制备建筑材料和陶瓷材料等方面[172~175]。除了铝业废渣，其他一些主要固体废弃物综合利用方法见表 3-1。

表 3-1　主要固体废弃物综合利用方法

种类	产生来源	应用
冶金渣（高炉渣、钢渣、有色金属渣等）[176]	冶炼厂冶炼过程中产生的工业废渣	建筑材料（水泥、砖块、混凝土）；微晶玻璃；铸石；硅钙肥料；耐火材料
粉煤灰[177]	煤电厂烟道气经除尘分离收集的细灰	建筑材料（水泥、砖块、混凝土）；陶粒；提取白炭黑和氧化铝；造纸
煤矸石[178,179]	成煤过程中与煤层伴生的一种含碳量较低而质地坚硬的岩石，在煤的掘进、开采和洗涤过程中排出	回收煤炭和黄铁矿；发电；建筑材料（水泥、砖块、混凝土）；改良土壤；造纸
尾矿[169~171]	矿石经过选矿后排放的废渣	建筑材料（水泥、砖块、混凝土）；回收贵金属和稀有金属
农作物秸秆[180]	农作物收割后废弃的茎叶	肥料；饲料；能源（沼气、固化成型燃料、直燃发电）；食用菌基料；活性炭；造纸
城市垃圾[181]	日常生活排放	分类回收再利用；焚烧发电；积肥
废弃物残渣[178~181]	固体废渣经过回收、提取有用物质后剩余无法利用的残渣	土地填埋；废矿井或塌陷区回填；填海造地；固化深埋（有毒、放射性物质）

3.1.3　固体废弃物对 CO_2 吸附的应用

　　近些年来，很多研究者也通过应用固体废弃物吸附 CO_2 实现降低 CO_2 捕集成本和以废治废的目的。固体废弃物对 CO_2 吸附主要通过利用固体废弃物制备 CO_2 吸附剂和直接用废弃物吸附 CO_2 这两个方法实现。表 3-2 总结了一些利用固体废弃物吸附 CO_2 的研究。

表 3-2 固体废弃物的 CO_2 吸附利用

废渣来源	处理方法	吸附条件	吸附容量
粉煤灰[182,183]	制成沸石	25~75℃、常压	3.1%~5.2%
粉煤灰、稻壳灰[184,185]	合成 MCM-41/48	75~150℃、常压	每克物料 6.42~111.7mg CO_2
粉煤灰、稻壳灰[185,186]	合成 SBA-15	25~75℃、常压	每克物料 70~169mg CO_2
粉煤灰、稻壳灰[187,188]	制备 Li_4SiO_4	600~700℃、常压	每克物料 106~324mg CO_2
粉煤灰、废塑料、废织品、甘蔗渣等农作物秸秆等[189~191]	制备活性炭	30~150℃、常压	每克物料 6~93.6mg CO_2
钢渣[192]	浆状直接吸收	25~200℃、$1~8\times10^6$Pa	每克物料 130~289mg CO_2
鸡蛋壳[193]	钙基吸附剂	650~750℃、常压	38%~62%
赤泥[192]	浆状直接吸附	常温、常压	每克物料 21~53mg CO_2

根据表 3-2 可以看出固体废弃物对 CO_2 吸附目前主要是集中在低温吸附范畴，且吸附容量也普遍不高，但是鸡蛋壳却有着优异的高温吸附能力。鸡蛋壳中碳酸钙的含量高达 83%~85%，去膜煅烧后 CaO 的含量更能达到 98% 以上，因此鸡蛋壳是一种很好的钙源。目前，有些学者对鸡蛋壳吸附 CO_2 的性能进行了研究。Witoon 等人[193]对比了鸡蛋壳和 $CaCO_3$ 的循环吸附 CO_2 的性能，发现经过 11 次循环后，鸡蛋壳仍然保持将近 30% 的吸附容量。Sacia 等人[194]用醋酸对鸡蛋壳进行预处理，发现处理后的蛋壳经过 10 次循环后碳酸化率比未经处理的提高了 38%，并且醋酸处理还可以实现保存完整的蛋壳有机膜，这些膜可以用于医药、分离等方面。

3.2 铝土矿尾矿掺杂的钙基吸附剂

3.2.1 不同钙源的 CO_2 吸附性能

将鸡蛋壳粉末在 900℃ 煅烧 30min 后得到的 CaO（下面简称 Eggshell），一部分加少量水生成 $Ca(OH)_2$ 后再经煅烧脱水得到 CaO（下面简称 Hy-eggshell），将这两种方法处理得到的 CaO 进行 CO_2 吸附性能测试，同时将相同温度下煅烧的碳酸钙试剂得到的 CaO（下面简称 $CaCO_3$）作为比较对象。测试的实验条件：气氛为 50mL/min 的 CO_2 和 50mL/min 的 N_2，升温速率为 10K/min。$CaCO_3$ 和 Eggshell 质量随吸附温度的变化曲线如图 3-1 所示。

从图 3-1 中可以看出，$CaCO_3$ 样品在由室温升至 500℃ 之间，吸附 CO_2 的速率比较缓慢，样品质量变化也很小；随着温度继续升高，550℃ 之后对 CO_2 的吸附速率开始加快，在 600~750℃ 期间质量曲线陡然上升，样品质量增加十分明

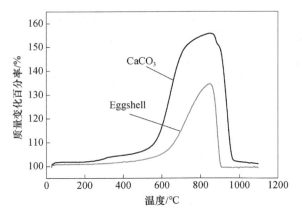

图 3-1 $CaCO_3$ 和 Eggshell 质量变化随吸附温度的变化曲线

显；当温度高于 750℃后，吸附速率开始放缓，质量变化曲线也趋于平缓；当温度达到 850℃时，样品开始分解并脱出 CO_2 气体，质量曲线迅速下降；到 950℃左右，基本完全分解。与 $CaCO_3$ 试剂相比，Eggshell 的吸附趋势显然要弱很多，吸附量也减少了将近一半；在 500℃之前 Eggshell 基本没有吸附 CO_2；在 600~750℃期间，质量曲线虽然快速上升但是明显逊于 $CaCO_3$，只有分解脱附阶段的趋势相似。这些结果表明与 $CaCO_3$ 试剂相比，Eggshell 的吸附性能差很多。

图 3-2 比了较 Eggshell 和 Hy-eggshell 对 CO_2 的吸附性能。由图可知，Hy-eggshell 整个过程中质量变化曲线和 Eggshell 的趋势基本相同，但与 Eggshell 相比，Hy-eggshell 的吸附容量更低。通过循环实验检测以上 3 种不同钙源得到的 CaO 的循环吸附特性，结果如图 3-3 所示。结果表明，随着循环次数的增多，它们的碳酸化率都有明显的下降。经过 20 次循环后，$CaCO_3$ 样品的碳酸化率由最初的 85%降至 24%左右；Eggshell 的碳酸化率则由开始时的 70%下降至不足 20%；Hy-eggshell 的转化率也由最初的 60%左右下降到 20%以下。以上结果表明：在未经任何处理的情况下，它们的循环性能均不理想，其中 Eggshell 比 $CaCO_3$ 试剂无论是一次碳酸化率还是循环吸附性能都显得更差一些，而 Hy-eggshell 的性能则更不如人意，因此需要通过一些改进手段来提高其循环性能。与 $CaCO_3$ 相比，鸡蛋壳虽然一次吸附容量较低且循环吸附性能也不突出，但是考虑到吸附剂制备成本和废弃物资源化，鸡蛋壳仍然有利用的空间。

3.2.2 CO_2 循环实验反应温度的确定

如图 3-4 所示，可以确定在 50%CO_2 气氛下，鸡蛋壳大约在 600~750℃温度下吸附 CO_2 较佳，当温度达到 850℃时开始解吸。考虑到循环吸附实验的连续性和受实验条件所限，将循环实验在 750℃下通过改变气氛的方式实现恒温吸附/脱附 CO_2 的循环。图 3-4 所示为鸡蛋壳分解和吸附 CO_2 的 TGA 曲线。首先样品

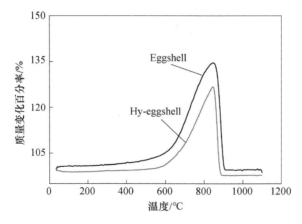

图 3-2　Hy-eggshell 和 Eggshell 质量变化随吸附温度的变化曲线

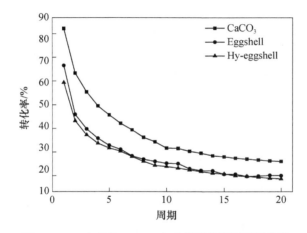

图 3-3　Eggshell 和 Hy-eggshell 样品的循环吸附曲线

在 $100\%N_2$ 气氛下，以 20K/min 上升至 750℃后保持恒温状态，由图 3-4 可以看出，鸡蛋壳在纯 N_2 气氛下 700℃左右就开始分解，750℃下保持 10min 后鸡蛋壳分解完成，质量曲线保持平稳。随后将气氛切换成 $50\%CO_2$，鸡蛋壳随即开始碳酸化过程。由此可见，在 750℃下进行恒温循环吸附的实验方案是可行的。

3.2.3　铝土矿尾矿的 CO_2 吸附性能

取 10mg 左右的铝土矿尾矿放置 TGA 中，在纯 N_2 气氛下以 20K/min 的升温速率将温度升至 750℃保持恒温，将气氛切换为 $50\%CO_2$ 和 $50\%N_2$，在这一气氛下保持 30min，得到铝土矿尾矿的 TG 曲线如图 3-5 所示。整个铝土矿尾矿的 CO_2 吸附实验中的气氛和温度条件与本书其他实验的条件保持一致，以减少实验条件对结果的影响。

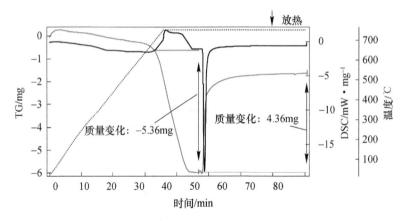

图 3-4　鸡蛋壳分解和吸附 CO_2 的 TGA 曲线

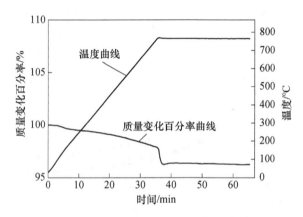

图 3-5　铝土矿尾矿 CO_2 吸附 TG 曲线

从图 3-5 中可以看出，在整个加热过程中样品有轻微失重。这一方面可能是由于测试中放置在坩埚中的试样堆积，造成加热时温度梯度变大，导致试样产生热效应，由于 TGA 的测量精度很高（精确到 1/1000mg），这些热效应能使 TG 曲线发生细微变化；另一方面可能是铝土矿尾矿中的少量结晶水受热分解所致。当温度达到 750℃ 时，曲线发生突然失重现象是由于将纯 N_2 切换成 50% CO_2 气氛所导致的。切换气氛后，质量曲线保持平稳，没有失重或增重现象。这表明铝土矿尾矿中尽管含有少量 CaO 成分，但它们不是活性的，不能吸附 CO_2，因此在计算碳酸化率时不必考虑尾矿中的 CaO 成分。

3.2.4　铝土矿尾矿的掺杂量对循环吸附性能的影响

前驱体需要经过煅烧才能成为吸附剂，为了避免煅烧对吸附剂吸附性能的影响，将鸡蛋壳粉末与铝土矿尾矿按不同比例（5%、10% 和 15%）混合制得的吸附剂前驱体直接放入热重分析仪，前驱体在 TGA 中分解完全后，开始进行循环吸附实验，循环性能如图 3-6 所示。

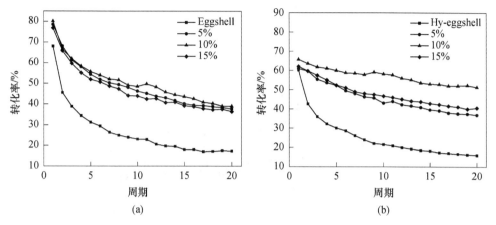

图 3-6 不同掺杂量对循环吸附性能的影响
(a) 鸡蛋壳为钙源；(b) 水合鸡蛋壳为钙源

图 3-6(a) 所示为以鸡蛋壳为钙源，不同铝土矿尾矿掺杂量对循环吸附性能的影响。可以看出在鸡蛋壳中掺杂铝土矿尾矿后，循环性能有了显著改善。总的来看，刚开始时铝土矿尾矿掺杂的吸附剂和鸡蛋壳一样失活明显，但是经过 20 次循环后样品的碳酸化率比鸡蛋壳高出了 20% 左右。就铝土矿尾矿掺杂量而言，掺杂量为 10% 时，样品的循环稳定性最好，20 次循环后的碳酸化率为 39.02%，但是不同掺杂量的最终转化率相差不大。图 3-6(b) 所示为以水合鸡蛋壳为钙源，不同铝土矿尾矿掺杂量的对比。掺杂铝土矿尾矿后，水合鸡蛋壳的循环性能也明显提高。以 10% 的水合鸡蛋壳（以下简称 BTsHy）为钙源的循环稳定性最好，在 20 次循环后的碳酸化率最高，达到 51.33%。与鸡蛋壳作为钙源的吸附剂不同，最佳掺杂量下的吸附剂的循环稳定性比其他掺杂量下吸附剂更显著。结合图 3-6(a)、(b) 不难看出，铝土矿尾矿作为添加剂能有效地提高鸡蛋壳的循环吸附性能，并且当掺杂量为 10% 时循环稳定性能最好；通过横向对比结果可以看出，尽管水合鸡蛋壳本身的吸附容量和循环性能都略逊于鸡蛋壳，但是用水合鸡蛋壳经过铝土矿尾矿掺杂改性后，循环性能要优于鸡蛋壳作钙源，这可能和水合鸡蛋壳的制备过程有关。水合鸡蛋壳是由鸡蛋壳进一步加工制备的，经过了以下反应：

$$CaCO_3 \longrightarrow CaO + CO_2 \tag{3-1}$$

$$CaO + H_2O \longrightarrow Ca(OH)_2 \tag{3-2}$$

$$Ca(OH)_2 \longrightarrow CaO + H_2O \tag{3-3}$$

经过这一系列过程后，CaO 颗粒粒径要比由反应式（3-1）直接得到的 CaO 粒径小，更加有利于 CaO 和铝土矿尾矿反应，进而改性效果更好。铝土矿尾矿的

XRD 图如图 3-7 所示。由图可知，铝土矿尾矿成分复杂，其中主要成分包括 Al_2O_3、Fe_9TiO_{15}、TiO_2、SiO_2 和 Fe_3O_4，这与滴定分析的结果吻合。

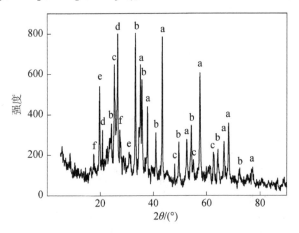

图 3-7 铝土矿尾矿的 XRD 图谱

a—Al_2O_3； b—Fe_9TiO_{15}； c—TiO_2； d—SiO_2； e—Fe_3O_4；

f—$Ca_{0.988}(Ti_{0.605}Al_{0.349}Fe_{0.023})Si(O_{0.508}(OH)_{0.492})O_4$

样品 10%BTs（铝土矿尾矿+鸡蛋壳）和 10%BTsHy（铝土矿尾矿+水合鸡蛋壳）经 900℃煅烧 30min 后的 XRD 分析结果如图 3-8 所示。可以看到尽管钙源不同，但吸附剂的成分基本一致。结合铝土矿尾矿 XRD 图谱，不难看出，图谱上出现的主要峰是 CaO 的特征峰，其他一些小的特征峰是尾矿中的主要成分 Al_2O_3 和 SiO_2 在高温条件下与 CaO 反应生成的化合物，而铝土矿尾矿中其他成分如 TiO_2、Fe_3O_4 等没有被检测出，原因可能是它们的含量低于仪器检测极限或是形成了一些非晶态物质而没有被检测出来。通过 XRD 分析检测出的 $Ca_{12}Al_{14}O_{33}$、Ca_2SiO_4 和 Ca_3SiO_5 这三种化合物应该是铝土矿尾矿和 CaO 在高温下反应生成的，也是掺杂铝土矿尾矿后循环吸附性能提高的主要原因。还可以看出 $Ca_{12}Al_{14}O_{33}$ 的衍射峰强度较之其他两种化合物 Ca_2SiO_4 和 Ca_3SiO_5 更强些，也间接地反映了生成的 $Ca_{12}Al_{14}O_{33}$ 量要更多一些。而大量的研究表明[195~197] $Ca_{12}Al_{14}O_{33}$ 有利于提高 CaO 的抗烧结性能，从而提高钙基吸附剂的循环吸附能力。

通过比较图 3-8 中两个 XRD 图谱，可以看出样品 10%BTsHy 中 $Ca_{12}Al_{14}O_{33}$ 的衍射峰强度要强于 10%BTs，说明用水合鸡蛋壳作为钙源生成的 $Ca_{12}Al_{14}O_{33}$ 量要多一些，这也解释了上文中吸附剂 10%BTsHy 循环性能好于吸附剂 10%BTs 的原因。而 Si 的存在被认为是不利于循环的[70,198]，原因是 Si 会和周围的物质形成熔点较低的混合物或化合物，例如 Ca_2SiO_4 和 Ca_3SiO_5 等。这些物质在高温循环过程中形成的熔融态堵塞了微孔，从而阻碍了 CO_2 向吸附剂颗粒内的扩散过程，导致 CaO 的转化率降低。因此铝土矿尾矿的加入既带来了循环吸附有利因素也有

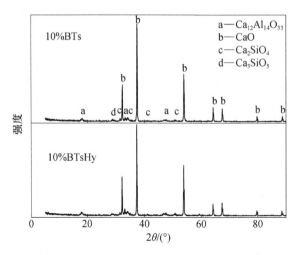

图 3-8 10%BTs 和 10%BTsHy 的 XRD 图谱

不利的方面。当铝土矿尾矿掺杂量较少时，Al_2O_3 的量也相应变小，导致反应生成的 $Ca_{12}Al_{14}O_{33}$ 不足，部分 CaO 烧结，吸附剂的循环性能达不到最佳水平。若掺杂量过多，SiO_2 含量也随之增多，它所形成的低熔点混合物和化合物会直接损害吸附剂的循环吸附性能。这也进一步说明了掺杂量对吸附剂改性后循环性能的影响，只有掺杂量适当时，吸附剂才能达到最佳循环性能。1 次循环和 20 次循环后的 10%BTs 的 XRD 分析结果如图 3-9 所示。

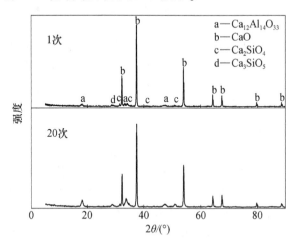

图 3-9 10%Bts 第 1 次循环和第 20 次循环的 XRD 图谱

根据图 3-9 可知，随着循环的进行 CaO 和铝土矿尾矿的主要产物 $Ca_{12}Al_{14}O_{33}$、Ca_2SiO_4 和 Ca_3SiO_5 的特征峰的强度不断增加，这一现象表明这些物质在循环的过程中不断生成累积，最终使吸附剂的循环性能稳定下来。

3.2.5 预煅烧温度对吸附性能的影响

预煅烧可以提高钙基吸附剂循环稳定性[196,199,200]，故考察不同预煅烧温度对吸附剂的循环性能的影响。鸡蛋壳在900℃煅烧6h后的循环吸附性能如图3-10所示。由图可知，第一次循环时煅烧后鸡蛋壳（Eggshell900）的碳酸化率比未煅烧的鸡蛋壳（Eggshell）低了将近40%，而当循环进行到第4次时，样品Eggshell900的碳酸化率已经高于样品Eggshell了，20次循环后，高出样品Eggshell的8%左右。这表明预煅烧也是提高鸡蛋壳循环稳定性的有益因素。

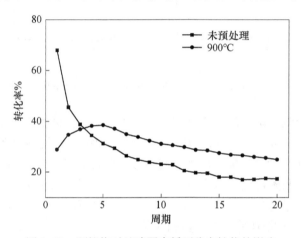

图3-10　预煅烧对纯鸡蛋壳循环稳定性能的影响

选取最佳掺杂量的吸附剂（10%）在不同温度下进行预煅烧，考察不同预煅烧温度对吸附剂的影响。图3-11所示为样品10%BTs和10%BTsHy分别在800℃、900℃和1000℃下煅烧6h后的循环吸附性能。由图3-11(a)不难看出，预煅烧温度越高，样品10%BTs第一次循环的碳酸化率就越低，而且10%BTs的循环性能也会下降。800℃下的预煅烧对样品10%BTs800的循环稳定性影响不大，最开始的几次循环中10%BTs800的碳酸化率明显低于10%BTs，但是随着循环吸附的进行，到最后几次循环时，两者的碳酸化率就基本相同了，20次循环后10%BTs800的碳酸化率为39.37%，略高于未煅烧样品10%BTs的39.02%。900℃下进行预煅烧，较之800℃循环稳定性有所降低，20次循环后10%BTs900的碳酸化率为34.63%。预煅烧温度升到1000℃时，整个循环过程中碳酸化率均保持在较低水平，最终碳酸化率仅有20.97%。这说明预煅烧温度过高会使吸附剂发生烧结致使部分CaO失活，导致整个循环过程中CaO转化率不高。

如图3-11(b)所示，当预煅烧稳定为800℃时，样品10%BTsHy800在20次循环后的碳酸化率为51.96%，略高于未煅烧样品10%BTsHy的51.33%。当煅烧温度上升到900℃时，样品10%BTsHy900第1次循环后的碳酸化率仅为22.73%，

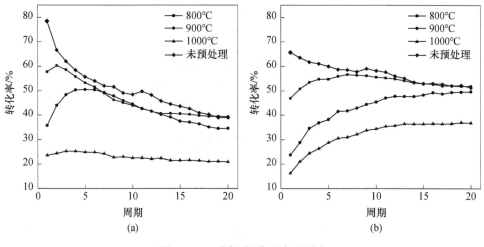

图 3-11　不同预煅烧温度的影响

(a) 10%BTs；(b) 10%BTsHy

随着循环实验不断进行，每次循环后的碳酸化率也不断上升最后趋于平稳，20次循环后碳酸化率保持在 49.64%。当煅烧温度为 1000℃ 时，样品 10%BTsHy1000 和 10%BTsHy900 的循环曲线趋势相似，样品 10%BTsHy1000 的碳酸化率由 16.29% 逐渐增大最终保持在 36.87% 左右。

对比图 3-11(a) 和 (b)，可以发现预煅烧后 10%BTs 和 10%BTsHy 的循环曲线变化趋势有所不同。10%BTs 在 800℃ 和 900℃ 预煅烧后，循环曲线先上升后下降最后趋于平稳，1000℃ 下循环曲线几乎一直保持平稳；而 10%BTsHy 的循环曲线除了在 800℃ 下和 10%BTs 有相似的趋势之外，其他温度下都是逐步升高然后趋于平稳。此外，不难发现 1000℃ 的煅烧处理对 10%BTsHy 的循环性能的影响比对 10%BTs 的小。通过图 3-10 和图 3-11 发现，刚开始几次循环时，碳酸化率会随着循环的进行逐渐上升，且煅烧温度越高，保持上升的循环次数就越多。这一现象被有些研究者称之为吸附剂的 "自我再生"，可以通过图 3-12 的孔-骨架结构模型来解释循环失活和预煅烧后 "自我再生" 的原因[200]。

在预煅烧过程中，样品会发生 $CaCO_3$ 分解、体积扩散和离子扩散这三个过程，其中 $CaCO_3$ 分解使样品 CaO 形成孔结构（图 3-12 中 Pores），体积扩散导致烧结和孔坍塌，而离子扩散则稳定现有结构和形成硬的框架结构（图 3-12 中内向（硬）骨架）。煅烧过程中，当 $CaCO_3$ 完全分解后，体积扩散和离子扩散的作用还在继续，在它们的作用下导致 CaO 烧结和形成硬结构，它们都会使 $CaCO_3$ 分解形成的孔的表面积不断缩小。但是当温度进一步升高后，离子扩散加剧，使得 CaO 中形成硬的框架结构多且坚固。这些硬框架结构很稳定且不易坍塌，但是这些硬的 CaO 框架由于结构致密，因此与 CO_2 的反应很缓慢，造成了最开始几

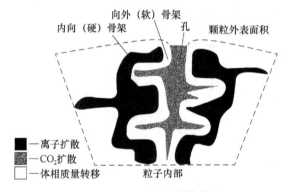

图 3-12   CaO 孔框架结构模型

次循环的碳酸化率较低。随着循环的进行，框架外逐渐形成了一层软的框架 （图 3-12 中 Outward skeleton）依附在硬框架上，这些软框架由于结构疏松，因此与 CO_2 反应速率很快，碳酸化率也就显现出升高趋势，形成 "自我再生" 现象。致密的硬框架支撑着孔的结构保证其在循环过程中不会坍塌，这一稳固的结构能使吸附剂一直保持良好的 CO_2 吸附性能，提高了循环稳定性。当循环继续进行软的结构会逐渐增多，体积扩散会导致这些软结构发生烧结和离子扩散形成竞争，这种体积扩散和离子扩散的竞争决定着 CaO 的形貌，进而影响吸附剂的 CO_2 循环吸附性能。

结合 10%BTs 和 10%BTsHy 预煅烧实验数据可知，预煅烧温度越高，形成的硬框架结构就越多，吸附剂的 "自我再生" 过程也就越长。在 10%BTs 中体积扩散的影响可能要强于离子扩散，因此 10%BTs 煅烧处理后效果不佳；而在 10% BTsHy 中离子扩散的影响或许要更大些，形成有利循环的硬框架较多，因此 10% BTsHy900 和 10%BTsHy1000 在 "自我再生" 过程结束后碳酸化率仍能保持平稳。

预煅烧对铝土矿尾矿掺杂改性的吸附剂的循环性能几乎没有什么促进作用，这是多方面因素共同影响造成的。本节主要通过 $Ca_{12}Al_{14}O_{33}$ 的形成和它发挥的作用这一方面进行简单说明。生成 $Ca_{12}Al_{14}O_{33}$ 的反应过程可以用下列反应公式描述。

$$7Al_2O_3 + 12CaO \longrightarrow Ca_{12}Al_{14}O_{33} \tag{3-4}$$

$$5Al_2O_3 + Ca_{12}Al_{14}O_{33} \longrightarrow 12CaAl_2O_4 \tag{3-5}$$

$$Al_2O_3 + CaO \longrightarrow CaAl_2O_4 \tag{3-6}$$

$$7CaAl_2O_4 + 5CaO \longrightarrow Ca_{12}Al_{14}O_{33} \tag{3-7}$$

$$9CaO + Ca_{12}Al_{14}O_{33} \longrightarrow 7Ca_3Al_2O_6 \tag{3-8}$$

$Ca_{12}Al_{14}O_{33}$ 的反应过程以及它对钙基吸附剂微观形貌的影响如图 3-13 和图 3-14 所示。当煅烧温度低于 1000℃ 时，根据式 （3-4）CaO 和 Al_2O_3 反应生成 $Ca_{12}Al_{14}O_{33}$，部分 CaO 和无定型 Al_2O_3 颗粒接触的部分发生反应，生成 $Ca_{12}Al_{14}O_{33}$，

随着循环的进行，生成的 $Ca_{12}Al_{14}O_{33}$ 逐渐增多。而循环过程中 $Ca_{12}Al_{14}O_{33}$ 并不与 CO_2 反应，是惰性成分。这些 $Ca_{12}Al_{14}O_{33}$ 作为黏连剂均匀地分布在 CaO 颗粒中（见图 3-14(b)），将 CaO 颗粒分散使其不容易发生团聚。分散的 CaO 能够充分地

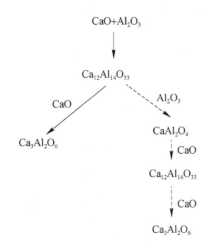

图 3-13　$Ca_{12}Al_{14}O_{33}$ 经历的主要反应过程

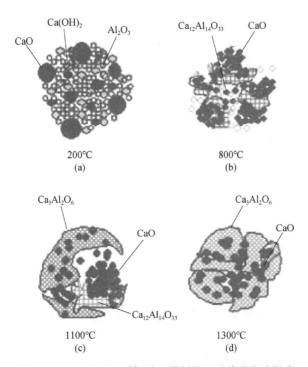

图 3-14　$Ca_{12}Al_{14}O_{33}$ 对钙基吸附剂微观形貌形成的影响

吸附 CO_2，因此吸附剂也就显示出较高的碳酸化率和良好的循环稳定性。当温度升高到 1100℃ 时，如图 3-14(c) 所示，CaO 开始发生团聚现象，并且和 $Ca_{12}Al_{14}O_{33}$ 继续发生反应形成 $Ca_3Al_2O_6$，$Ca_3Al_2O_6$ 作为黏连剂分散 CaO 颗粒的效果不如 $Ca_{12}Al_{14}O_{33}$，而且 $Ca_3Al_2O_6$ 还会形成均相大块结构，更加不利于 CO_2 的扩散，最终导致对 CO_2 吸附效率大幅下降。若继续升高煅烧温度，则 $Ca_{12}Al_{14}O_{33}$ 会被全部反应成 $Ca_3Al_2O_6$，大块的 $Ca_3Al_2O_6$ 最终会导致吸附剂严重烧结（见图 3-14(d)），此时 CaO 的转化率就更低了。

由图 3-14(a) 可以看出，水合鸡蛋壳（$Ca(OH)_2$）的颗粒较小，由它得到的 CaO 颗粒则会更细，这样的细小颗粒有利于 CaO 和铝土矿尾矿反应的进行。反映到 XRD 分析上就是 10%BTsHy 中 $Ca_{12}Al_{14}O_{33}$ 的衍射峰更强（见图 3-8），生成的 $Ca_{12}Al_{14}O_{33}$ 的量也更多，进一步说明了 10%BTsHy 的循环稳定性要优于 10%BTs 的原因。

结合图 3-11 和上述 $Ca_{12}Al_{14}O_{33}$ 的形成及消耗过程，含 Si 熔融物和煅烧过程中的体积扩散和离子扩散现象，分析它们在预煅烧过程中对吸附剂循环性能可能造成的影响。当煅烧温度为 800℃ 和 900℃ 时，煅烧条件温和，无法反应生成 $Ca_3Al_2O_6$。煅烧后的吸附剂中没有新的惰性物质生成，只受煅烧中离子扩散和体积扩散对微观结构造成的一些影响，因此 20 次循环后最终碳酸化率基本相同或略有下降。而煅烧温度达到 1000℃ 后，可能有少量 $Ca_3Al_2O_6$ 反应生成。对于 10%BTs，由于体积扩散、$Ca_{12}Al_{14}O_{33}$ 的损失和尾矿中 SiO_2 形成的熔融物质共同影响导致其碳酸化率很低。而对于 10%BTsHy，可能由于在煅烧中离子扩散较强，对循环性能有促进作用，使得 10%BTsHy 的碳酸化率由最开始的不到 20% 通过"自我再生"逐渐上升，最终大约平稳在 35% 处。

3.2.6　铝土矿尾矿掺杂吸附剂的形貌特征

鸡蛋壳循环前后的微观形貌如图 3-15 所示。可以看出鸡蛋壳在吸附 CO_2 之前显现出疏松的颗粒状，颗粒间空隙较多，有利于 CO_2 分子的扩散作用。经过 20 次循环后，颗粒发生了烧结团聚，颗粒间空隙减小，CO_2 分子难以扩散到吸附剂内部，导致吸附效率降低。

10%BTsHy 和 10%BTs 的微观形貌如图 3-16 所示。尽管吸附效果有所差别，但是 10%BTsHy 和 10%BTs 的微观形貌差别并不大。可以看出吸附了 CO_2 后，吸附剂的晶粒体积变的大而饱满，颗粒间缝隙变小，说明吸附剂在吸附 CO_2 过程中形成的 $CaCO_3$ 产物层会影响 CO_2 向吸附剂内部扩散，导致吸附速率变慢，吸附率下降。20 次循环后均发生了颗粒团聚现象。较图 3-15 蛋壳的形貌，掺杂了铝土矿尾矿的吸附剂的颗粒更加分散、孔隙也较为丰富，这些因素使得铝土矿尾矿的掺杂提高了循环吸附性能。

(a) (b)

图 3-15 鸡蛋壳 SEM 分析
（a）煅烧后的鸡蛋壳；（b）20 次循环后的蛋壳

(a) (b)

(c) (d)

(e)　　　　　　　　　　　　　　　　(f)

图 3-16　10%BTsHy 和 10%BTs 的 SEM 分析

（a）10%BTsHy 吸附 CO_2 前的形貌；（b）10%BTs 吸附 CO_2 前的形貌；（c）10%BTsHy
吸附 CO_2 后的形貌；（d）10%BTs 吸附 CO_2 后的形貌；（e）10%BTsHy 20 次循环后的形貌；
（f）10%BTs 20 次循环后的形貌

　　表 3-3 为 10%BTs 和 10%BTsHy 的 BET 分析结果。通过比较发现比表面积均
很小，且随着循环次数增加，变化不大。对于通过化学反应吸附 CO_2 的 10%BTs
和 10%BTsHy 来说，比表面积对它们的循环吸附性能的影响主要是使得 CO_2 难以
扩散到吸附剂内部，从而降低了 CaO 的转化率。

表 3-3　10%BTs 和 10%BTsHy 的 BET 分析

样品	循环次数	比表面积/$m^2 \cdot g^{-1}$	孔容/$cm^3 \cdot g^{-1}$	平均孔径/nm
10%BTs	1	9.79	0.051	26.42
10%BTsHy	1	10.83	0.050	23.89
10%BTs	15	6.19	0.041	20.73
10%BTsHy	15	8.46	0.044	22.17

3.3　赤泥掺杂的钙基吸附剂

3.3.1　赤泥的 CO_2 吸附性能

　　含有 Al_2O_3 的铝土矿尾矿作为添加剂掺杂鸡蛋壳能够促进鸡蛋壳的循环吸附
性能。赤泥也是铝厂排放的一种含 Al_2O_3 的废渣，且排放量大，难以治理，环境
危害严重。将赤泥掺杂到鸡蛋壳中制成钙基吸附剂并考察它的循环性能，寻找一
个新的赤泥资源化途径。取 10mg 左右的赤泥放置 TGA 仪器中，在纯 N_2 气氛下

以 20K/min 的升温速率将温度升至 750℃ 保持恒温，将气氛切换为 50%CO_2 和 50%N_2，在这一气氛下保持 30min，得到赤泥吸附 CO_2 的 TG 曲线如图 3-17 所示。整个赤泥的 CO_2 吸附实验中的气氛和温度条件与本书其他实验的条件保持一致，以减少实验条件对结果的影响。

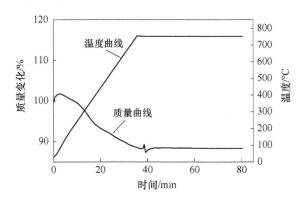

图 3-17 赤泥吸附 CO_2 的 TGA 曲线

由图 3-17 可知，开始加热过程的轻微增重可能是试样堆积导致产生了温度梯度，而这一热效应能使 TG 曲线发生细微变化。随后样品逐渐失重，结合赤泥的 XRD 分析（见图 3-18），可能是由于 Na-Ca-Al-SiO_4H_2O、$CaAl_2Si_6O_{16}(H_2O)_5$、$Na_8(Al_6Si_6O_{24})(OH)_{2.04}(H_2O)_{2.66}$ 和 $(Na_2O)_{1.13}Al_2O_3(SiO_2)_{2.01}(H_2O)_{1.65}$ 这些含有结晶水的物相在加热过程中脱除结晶水导致样品失重。当温度达到 750℃ 时，TG 曲线突然发生失重是由于将气氛切换成 50%N_2 和 50%CO_2 导致的。在含 CO_2 气氛下，质量曲线基本保持平稳，没有发生失重或增重现象。说明赤泥中尽管含有将近 17% 的 CaO 成分，但它们是没有 CO_2 吸附活性的，因此在计算碳酸化率不必考虑赤泥中的 CaO 成分。

3.3.2 赤泥掺杂对吸附率的影响

图 3-19 对比了鸡蛋壳和掺杂赤泥改性鸡蛋壳的循环吸附性能。赤泥（简称 Rm）加入后碳酸化率从开始时的 61.57% 下降到 14.83%，活性还不及鸡蛋壳（Eggshell）。而铝土矿尾矿是一种优良的添加剂，能显著提高钙基吸附剂的循环性能。拜耳法炼铝过程中，会向铝土矿中加入石灰和烧碱。通过加入烧碱（NaOH）使铝土矿形成 Na_2O-Al_2O_3-H_2O 体系，然后经过交替循环析出氢氧化铝，最终实现从铝土矿中提取氧化铝（Al_2O_3）。而加入石灰（CaO）可以加速 Al_2O_3 的溶出。因此，赤泥中 Na 和 Ca 的含量较高且呈碱性。而一些学者的研究表明 Na 也会危害钙基吸附剂的循环吸附性能[201,202]。

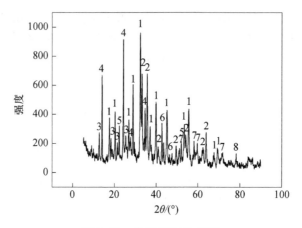

图 3-18 赤泥的 XRD 图谱

1—$Ca_3Al_2(SiO_4)(OH)_8$、$Ca_3(Fe_{0.87}Al_{0.13})_2(SiO_4)_{1.65}(OH)_{5.4}$、$Ca_{2.93}Al_{1.97}Si_{0.64}O_{2.56}(OH)_{9.44}$；
2—Fe_9TiO_{15}；3—$CaAl_2Si_6O_{16}(H_2O)_5$；4—$Na_8(Al_6Si_6O_{24})(OH)_{2.04}(H_2O)_{2.66}$；5—$Na\text{-}Ca\text{-}Al\text{-}SiO_4H_2O$；
6—$Na_{14}Al_4O_{13}$；7—$Fe_3(Si_2O_5)(OH)_4$；8—$(Na_2O)_{1.13}Al_2O_3(SiO_2)_{2.01}(H_2O)_{1.65}$

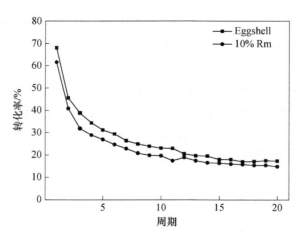

图 3-19 10%赤泥掺杂鸡蛋壳的循环吸附性能

3.3.3 赤泥的酸浸处理

鉴于掺入赤泥后吸附效果不佳可能是由于生成过程中引入了 Na，因此考虑使用酸浸的方法降低 Na 含量。为了使酸浸后不会引入其他元素干扰实验结果，考虑使用有机酸对赤泥进行酸浸。柠檬酸不易挥发、廉价易得，并且高温下分解成 CO_2 和 H_2O 不会引入新的元素，因此实验使用柠檬酸进行酸浸。在酸浸实验开始前，首先要验证酸浸除 Na 后的赤泥是否能提高鸡蛋壳的循环活性。取 1g 赤泥，将它放入装有 100mL 浓度为 2%的柠檬酸溶液的烧杯中，烧杯静置在 60℃水浴锅中恒温 6h 后，经过滤、洗涤和干燥得到酸浸后的赤泥，标记为"Rm2606100"。将鸡蛋壳中掺杂 10%Rm2606100 放入 TGA 中进行循环吸附实验，实验结果如图 3-20 所示。

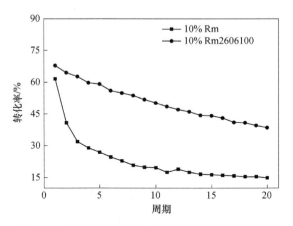

图 3-20　酸浸处理赤泥掺杂鸡蛋壳的循环吸附性能

由图 3-20 可知，掺杂了 10%Rm2606100 的循环吸附性能大大高于掺杂未经处理的赤泥的。因此，在 CO_2 循环吸附实验之前，要对赤泥中的 Na 进行酸浸去除。酸浸实验需要考察柠檬酸浓度、酸浸温度、酸浸时间和液固比对 Na 浸出率的影响，并通过火焰原子分析仪分析浸出液中的 Na 含量，寻找最优酸浸条件。

3.3.3.1　单因素实验数据分析

首先，对各个酸浸的条件进行单因素浸出实验，考察液固比、浓度、温度和时间对 Na 浸出率的影响。在考察液固比的实验中，其他三个因素固定为柠檬酸浓度 5%、温度 20℃ 和时间 4h；考察柠檬酸浓度时，保持液固比 60、温度 20℃ 和时间 4h 不变；考察温度时，保持柠檬酸浓度 5%、液固比 60 和时间 4h 不变；考察时间的实验中，保持柠檬酸浓度 5%、温度 20℃ 和液固比 60 不变。单因素实验结果见表 3-4。

表 3-4　单因素分析实验数据

液固比	Na 浸出率/%	浓度（质量分数）/%	Na 浸出率/%	温度/℃	Na 浸出率/%	时间/h	Na 浸出率/%
20	59.36	2	69.17	20	79.05	2	77.89
40	70.68	5	79.05	40	83.31	4	79.05
60	83.24	8	85.19	60	86.58	6	84.48
80	88.04	11	82.49	80	87.89	8	85.25
100	91.76	14	80.07	—	—	—	—

结合表 3-4，由图 3-21 可知，液固比、酸浓度、温度及时间的变化都对 Na 的浸出率有影响。如图 3-21(a) 所示，随着液固比的上升，Na 的浸出率也在上升，液固比为 100 时，浸出率达到 91.76%；图 3-21(b) 显示柠檬酸浓度在 8% 时，Na 的浸出率最高为 85.19%；而增加酸浸温度对浸出率的贡献并不大，温度上升了 60℃，浸出率仅仅增加了 8%；图 3-21(d) 中，延长酸浸时间，浸出率也有所上升，酸浸 8h 的浸出率为 85.25%。总的来看，液固比和柠檬酸浓度对 Na 的浸出率影响最大。

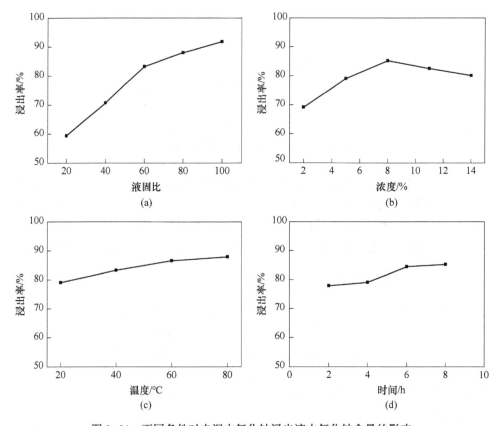

图 3-21 不同条件对赤泥中氧化钠浸出液中氧化钠含量的影响

3.3.3.2 响应曲面法优化柠檬酸浸赤泥条件

通过单因素实验和查阅相应文献兼顾实际操作条件和成本，确定因素的水平上限和下限为：柠檬酸浓度 2%～14%、液固比 20～100、温度 20～60℃、时间 2～6h。由 RSM 中的 BBD 设计柠檬酸浸赤泥的实验方案。表 3-5 为 RSM 中的 BBD 设计的自变量因素及其水平。

表 3-5 实验自变量因素编码及水平

编号	自变量因素	编码及水平		
		-1	0	+1
A	浓度/%	2	8	14
B	温度/℃	20	40	60
C	时间/h	2	4	6
D	液固比	20	60	100

由最小二乘法拟合的二元多次回归方程（模型）为：

$$Y = B_0 + \sum_{i=1}^{n} B_i X_i + \sum_{i=1, j=1}^{n} B_{ij} X_i X_j \qquad (3-9)$$

当 $n=4$ 时，回归方程为：

$$Y = B_0 + B_1 X_1 + B_2 X_2 + B_3 X_3 + B_4 X_4 + B_{12} X_1 X_2 + B_{13} X_1 X_3 + B_{14} X_1 X_4 + B_{23} X_2 X_3 +$$
$$B_{24} X_2 X_4 + B_{34} X_3 X_4 + B_{11} X_1^2 + B_{22} X_2^2 + B_{33} X_3^2 + B_{44} X_4^2 \qquad (3-10)$$

式中，B_0 为常数项；B_1、B_2、B_3、B_4 为线性系数；B_{12}、B_{13}、B_{14}、B_{23}、B_{24}、B_{34} 为交互项系数；B_{11}、B_{22}、B_{33}、B_{44} 为二次项系数。

通过误差分析得出模型拟合的好坏程度，误差分析主要包括模型调整确定系数（看模型拟合的相关性）、模型的 P 值（看模拟的显著性）、失拟项（看模型失拟的程度）。通过误差分析以确定模型拟合的准确性。根据软件生成的实验方案，进行柠檬酸浸赤泥实验并测定浸出液中钠含量，算出浸出率。输入到响应中，见表 3-6。

表 3-6 BBD 实验设计与结果

实验序号	自变量编码值				实验值
	浓度/%	温度/℃	时间/h	液固比	
1	0.000	0.000	-1.000	1.000	96.95
2	0.000	0.000	0.000	0.000	87.89
3	1.000	0.000	-1.000	0.000	86.03
4	0.000	0.000	0.000	0.000	87.89
5	0.000	1.000	-1.000	0.000	90.21
6	0.000	-1.000	1.000	0.000	87.65
7	0.000	-1.000	0.000	1.000	96.88
8	0.000	1.000	1.000	0.000	91.84
9	0.000	0.000	0.000	0.000	87.89
10	0.000	1.000	0.000	-1.000	80.66

续表 3-6

实验序号	自变量编码值				实验值
	浓度/%	温度/℃	时间/h	液固比	
11	1.000	1.000	0.000	0.000	88.35
12	0.000	0.000	-1.000	-1.000	73.32
13	-1.000	0.000	-1.000	0.000	80.36
14	1.000	0.000	1.000	0.000	87.19
15	-1.000	-1.000	0.000	0.000	79.85
16	0.000	-1.000	-1.000	0.000	85.19
17	-1.000	1.000	0.000	0.000	82.89
18	1.000	0.000	0.000	-1.000	74.79
19	0.000	0.000	1.000	1.000	98.54
20	0.000	0.000	0.000	0.000	87.89
21	-1.000	0.000	0.000	1.000	91.19
22	0.000	1.000	0.000	1.000	99.91
23	-1.000	0.000	0.000	-1.000	63.24
24	0.000	0.000	0.000	0.000	87.89
25	0.000	0.000	1.000	-1.000	78.74
26	0.000	-1.000	0.000	-1.000	70.53
27	1.000	0.000	0.000	1.000	91.06
28	-1.000	0.000	1.000	0.000	82.77
29	1.000	-1.000	0.000	0.000	84.96

得到线性回归方程如下:

$$Y = 87.89 + 2.67A + 2.40B + 1.22C + 11.1D + 0.087AB - 0.31AC - 2.92AD - 0.21BC - 1.77BD - 0.96CD - 4.99A^2 + 0.79B^2 + 0.77C^2 - 2.1D^2 \quad (3-11)$$

得到这个模型的确定系数 $R^2 = 0.9924$;模型的调整确定系数 $R^2_{adj} = 0.9847$,表明该模型能解释 98.47% 响应值的变化,该模型拟合度良好。

由表 3-7 的回归模型方差分析可知:(1) F 回归 = 130.07, P 值小于 0.0001 表明模型极为显著;(2) F 失拟大于 0.05 表明失拟不显著;通过对模型的各项的系数进行显著性分析,考查拟合得到的回归方程各项对结果的影响,数据见表 3-8。

表 3-7 回归模型方差分析

方差来源	平方和	自由度	均方	F 比值	P 值（Prob>F）
模型	1918.12	14	137.01	130.07	<0.0001
残差	14.75	14	1.05	—	—
失拟	14.75	10	1.47	—	—
误差	0.020	4	0.005	—	—

表 3-8 回归方程系数显著性检验

系数项	系数估计值	标准差	95%置信度的置信区间		P 值（显著水平）
			下限	上限	
截距	87.89	0.46	86.91	88.71	<0.0001
A	2.67	0.30	2.04	3.31	<0.0001
B	2.40	0.30	1.76	3.04	<0.0001
C	1.22	0.30	−0.59	1.86	0.0010
D	11.10	0.30	10.47	11.74	<0.0001
AB	0.087	0.51	−1.01	1.19	0.8670
AC	−0.31	0.51	−1.41	0.79	0.5523
AD	−2.92	0.51	−4.02	−1.82	<0.0001
BC	−0.21	0.51	−1.31	0.89	0.6921
BD	−1.77	0.51	−2.88	−0.67	0.0038
CD	−0.96	0.51	−2.06	−0.14	0.0832
A^2	−4.99	0.40	−5.85	−4.12	<0.0001
B^2	0.79	0.40	−0.07	1.66	0.0699
C^2	0.77	0.40	−0.09	1.64	0.0752
D^2	−2.10	0.40	−2.92	−1.23	0.0001

根据回归方程系数显著性检验可知，若模型中 P 值小于 0.0500 时则说明该项显著，否则该项不显著。可以看到 C^2、B^2、CD、BC、AC 和 AB 不显著，结合表 3-5，可以得到时间和温度这两个因素对浸出率影响不大，时间与液固比、时间与温度、时间与浓度以及温度与浓度的交互作用不明显。A 和 D 也就是浓度和液固比才是影响浸出率的主要因素。曲面分析与优化模型中 AD 和 BD 的交互作用对响应值的影响如图 3-22 和图 3-23 所示。

由图 3-22 可以看出，当温度一定时，钠浸出率随液固比的增大而增大，当

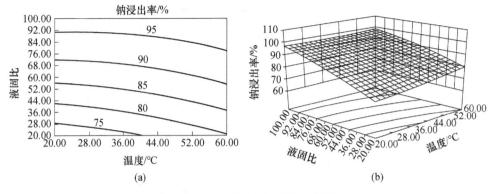

图 3-22 温度与液固比的相互作用

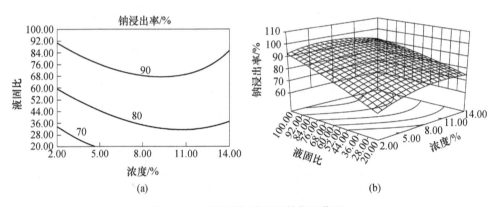

图 3-23 酸浓度与液固比的相互作用

液固比一定时，钠浸出率随温度的升高缓慢上升。结合 3D 图可知液固比是影响浸出的主要因素。

由图 3-23 可知，当液固比一定时，钠的浸出率随浓度的增大而先增大后减小；当浓度一定时，钠的浸出率随液固比的增大而增大。由 3D 曲面图可知，液固比和浓度对浸出率的影响很明显。通过 BBD 设计，预测浸出率最佳的条件为：柠檬酸浓度 8%、反应温度 40℃、反应时间 6h、液固比 100，并预测其浸出率为97.94%。通过对预测条件的酸浸实验，得到相应的浸出率为 98.54%，差别不大。而预测的最佳条件和实验中的最佳条件浓度 8%、反应温度 60℃、液固比100、反应时间 4h 下得到的 99.91% 的浸出率相比仅低了 1.37%。可以认为 BBD模拟是基本可靠的。

3.3.4 钠浸出率对赤泥掺杂吸附剂循环性能的影响

按照 BBD 设计方案的得到的结果，分别取 Na 浸出率明显不同的三个方案处理赤泥，经过这三个方案处理过的赤泥作为添加剂对鸡蛋壳进行掺杂改性，并通

过循环吸附 CO_2 实验检测它们的循环性能。表 3-9 是这三种方案的酸浸条件和它们的浸出结果。不同酸浸条件下处理的赤泥按 10% 的掺杂量加入水合鸡蛋壳中，然后分别对它们进行循环实验，并将样品 10%RmHy 作为比较对象，结果如图 3-24 所示。可以看出，掺杂 Rm8604100 的样品的循环性能最好。结合表 3-9，Na 浸出率为 63.24% 时，Rm240420 在第 20 次循环的转化率比掺杂赤泥仅高了3%；当浸出率提高到 88.35% 时，稳定性有所提高，20 次循环后碳酸化率为37.56%；只有当 Na 基本完全浸出时，循环稳定性才大大提高，最终碳酸化率可以达到 54.22%，与铝土矿尾矿掺杂改性的吸附剂循环性能基本相当。这些结果表明 Na 浸出率越高的赤泥，掺杂改性的效果就越好，并且 Na 对钙基吸附剂循环性能影响很大，少量的 Na 就能严重地降低钙基吸附剂的循环性能。

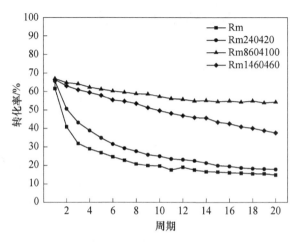

图 3-24　钠浸出率对赤泥掺杂循环性能的影响

表 3-9　三种赤泥掺杂处理方案及其浸出率

样品编号	浓度/%	温度/℃	时间/h	液固比	浸出率/%
Rm240420	2	40	4	2	63.24
Rm1460460	14	60	4	60	88.35
Rm8604100	8	60	4	100	99.91

　　根据图 3-25 的 XRD 图谱，分析酸浸前后赤泥中物质晶相的变化。通过对 Rm、Rm1460460 和 Rm8604100 的比较，发现 $Na_8(Al_6Si_6O_{24})(OH)_{2.04}(H_2O)_{2.66}$ (4)、$Na_{14}Al_4O_{13}$(6)、$(Na_2O)_{1.13}Al_2O_3(SiO_2)_{2.01}(H_2O)_{1.65}$(8) 这三个主要含 Na 的峰下降明显，Rm1460460 和 Rm8604100 中 6 和 8 衍射峰几乎完全消失，峰 4 的强度也急剧减弱。考虑到赤泥物相的复杂性，这些峰也不一定是由单一物相组成的，XRD 图谱只能定向的分析物相大致变化，不能以此确定赤泥中的 Na 是否全

部浸出。其他的衍射峰强度也有所变化，表明柠檬酸不仅仅只是浸出了 Na，其他元素也有可能被浸出。总体来说，柠檬酸酸浸对 Na 的浸出效果最明显。

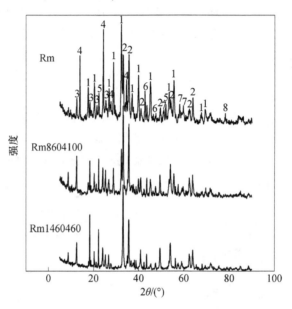

图 3-25　Rm、Rm1460460 和 Rm8604100 的 XRD 图谱

1—$Ca_3Al_2(SiO_4)(OH)_8$、$Ca_3(Fe_{0.87}Al_{0.13})_2(SiO_4)_{1.65}(OH)_{5.4}$、$Ca_{2.93}Al_{1.97}Si_{0.64}O_{2.56}(OH)_{9.44}$；

2—Fe_9TiO_{15}；3—$CaAl_2Si_6O_{16}(H_2O)_5$；4—$Na_8(Al_6Si_6O_{24})(OH)_{2.04}(H_2O)_{2.66}$；5—$Na-Ca-Al-SiO_4H_2O$；

6—$Na_{14}Al_4O_{13}$；7—$Fe_3(Si_2O_5)(OH)_4$；8—$(Na_2O)_{1.13}Al_2O_3(SiO_2)_{2.01}(H_2O)_{1.65}$

综上所述，少量 Na 的存在就会降低钙基吸附剂的循环性能，而通过柠檬酸酸浸可以将赤泥中 Na 几乎全部浸出，酸浸处理后的赤泥掺杂改性效果有了很大的提高。

3.3.5　赤泥掺杂量对循环吸附性能的影响

通过上述实验及其分析讨论，将 Na 浸出率最高的 Rm8604100 作为添加剂，并考察其添加量对 CO_2 吸附性能的影响。不同 Rm8604100 掺杂量（5%、10% 和 15%）对循环吸附性能的影响如图 3-26 所示。

从图 3-26(a) 可以看出，在鸡蛋壳中掺杂了 Rm8604100 后，循环性能有了显著改善。总的来看，刚开始时 Rm8604100 掺杂的吸附剂和鸡蛋壳一样失活明显，但是经过 20 次循环后样品的碳酸化率明显要高于鸡蛋壳。就掺杂量而言，当掺杂量为 5% 时，20 次循环后的碳酸化率为 32.97%；当掺杂量为 10% 时，样品的循环稳定性最好，20 次循环后的碳酸化率为 41.02%；当掺杂量为 15% 时，20 次循环后的碳酸化率为 37.48%。从图 3-26(b) 可以看出，掺杂了 Rm8604100 后，

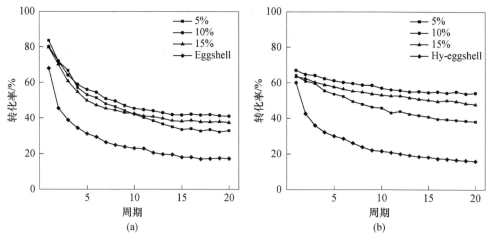

图 3-26 不同 Rm8604100 掺杂量对循环性能的影响

(a) 鸡蛋壳为钙源；(b) 水合鸡蛋壳为钙源

水合鸡蛋的循环性能也明显提高。当 Rm8604100 掺杂量为 10% 时，20 次循环后的碳酸化率最高，达到 54.22%。结合图 3-26(a) 和 (b)，Rm8604100 作为添加剂能有效提高鸡蛋壳的循环吸附性能，并且当掺杂量为 10% 时循环稳定性能最好，并且水合鸡蛋壳作为钙源的吸附剂的循环性能都要优于鸡蛋壳作钙源的吸附剂。

吸附剂为 10% Rm8604100、10% Rm8604100Hy 和循环 20 次的 10% Rm8604100 的 XRD 分析结果如图 3-27 所示。可以看到尽管钙源不同，但吸附剂的成分基本一致。结合掺杂铝土矿尾矿的 XRD 图谱（见图 3-8 和图 3-9），可以看出不管是掺杂铝土矿尾矿还是掺杂赤泥，制得的吸附剂主要出峰位置相同。吸附剂的主要成分是 CaO，此外也有 $Ca_{12}Al_{14}O_{33}$、Ca_2SiO_4 和 Ca_3SiO_5 这三种化合物生成。因此，掺杂酸浸赤泥改善吸附剂循环吸附性能的原因也应该和掺杂铝土矿尾矿相同，都是因为 $Ca_{12}Al_{14}O_{33}$ 的积极作用。以水合鸡蛋壳为钙源的样品 10% Rm8604100Hy 的循环性能优于以鸡蛋壳作为钙源的吸附剂 10%Rm8604100，这是因为经水合过程处理后 CaO 颗粒粒径变细，能够与赤泥中的 Al_2O_3 充分接触从而生成更多的 $Ca_{12}Al_{14}O_{33}$，这一现象可从图 3-27 中比较得出。而 Ca_2SiO_4 和 Ca_3SiO_5 相高温循环过程中会形成熔融态堵塞微孔，从而阻碍了 CO_2 向吸附剂颗粒内的扩散过程，导致 CaO 的转化率降低。因此赤泥中含 SiO_2 被认为给循环吸附带来了不利因素。当 Rm8604100 掺杂量较少时，有益成分 Al_2O_3 的量也相应变小，导致反应生成的 $Ca_{12}Al_{14}O_{33}$ 不足，部分 CaO 烧结，吸附剂的循环性能达不到最佳水平。若掺杂量过多，SiO_2 含量也随之增多，它所形成的低熔点混合物和化合物会直接损害吸附剂的循环吸附性能。这也进一步说明了掺杂量对吸附剂改性后循环性能的影响，只有掺杂量适当时，吸附剂才能达到最佳循环性能。根据 20 次循环后的 XRD 可以看出，$Ca_{12}Al_{14}O_{33}$、Ca_2SiO_4 和 Ca_3SiO_5 随着循环的进行不断增加，说明这些物质在循环的过程中都不断地生成累积，使得吸附剂循环性能够相对稳定下来。

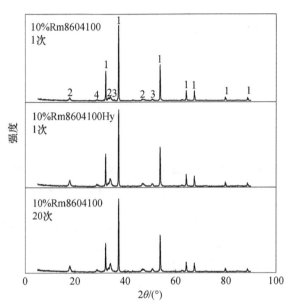

图 3-27　Rm8604100 掺杂吸附剂的 XRD 图谱
1—CaO；2—$Ca_{12}Al_{14}O_{33}$；3—Ca_2SiO_4；4—Ca_3SiO_5

3.3.6　预煅烧温度对吸附剂的影响

选取最佳掺杂量的吸附剂（10%）在不同温度下进行预煅烧，考察预煅烧温度对吸附剂的影响。10% Rm8604100 和 10% Rm8604100Hy 吸附剂在 800℃、900℃ 和 1000℃ 下煅烧 6h 后的循环吸附性能，结果如图 3-28 所示。

由图 3-28(a) 可知，预煅烧温度越高，样品 10% Rm8604100 第一次循环的碳酸化率就越低。在 800℃ 下预煅烧的吸附剂，碳酸化率较之未煅烧样品 10% Rm8604100 下降了 5% 左右；在 900℃ 下，10% Rm8604100 的稳定性有所上升，20 次循环后的碳酸化率达到 39%（比其在 800℃ 下煅烧的高了 2%）；预煅烧温度升到 1000℃ 时，整个循环过程中碳酸化率均保持在较低水平，最终碳酸化率仅有 20.15%。由图 3-28(b) 可知，当预煅烧温度稳定为 800℃ 时，样品 10% Rm8604100Hy 在 20 次循环后的碳酸化率为 43.64%，低于未煅烧样品 10% Rm8604100Hy 的 54.22%。当煅烧温度上升到 900℃ 时，样品 10% Rm8604100Hy 第一次循环后的碳酸化率仅为 23.97%，随着循环实验不断进行，每次循环后的

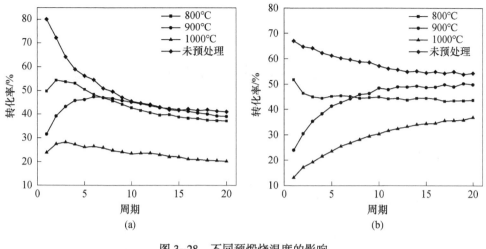

图 3-28 不同预煅烧温度的影响

(a) 10%Rm8604100；(b) 10%Rm8604100Hy

碳酸化率也不断上升，最后趋于平稳，20 次循环后碳酸化率保持在 49.79%。当煅烧温度为 1000℃时，样品 10%Rm8604100Hy 的碳酸化率由 13.07% 逐渐增大并最终保持在 36.85% 左右。

赤泥掺杂改性的吸附剂和掺杂铝土矿尾矿的吸附剂一样，预煅烧后也有"自我再生"现象发生，和掺杂铝土矿尾矿一样，预煅烧后吸附剂整体的碳酸化率都会降低。这些现象也都可以用孔-框架结构模型和 $Ca_{12}Al_{14}O_{33}$ 的形成及消耗的过程来解释，可以认为这是体积扩散、离子扩散、$Ca_{12}Al_{14}O_{33}$ 的变化和赤泥中不利元素（主要是 Si）的共同影响结果。而与掺杂铝土矿尾矿吸附剂不同的是，掺杂赤泥的吸附剂 900℃ 下稳定性最好，在 800℃ 煅烧后的吸附剂 10%Rm8604100Hy 甚至没有出现"自我再生"现象。这可能是由于掺杂的赤泥影响了 800℃ 下的离子扩散，导致体积扩散现象成为预煅烧过程中的主导。总的来说，预煅烧对赤泥掺杂的吸附剂的影响同铝土矿尾矿掺杂相似，由于受到 $Ca_{12}Al_{14}O_{33}$ 的形成及消耗、Si 熔融物和煅烧过程中的体积扩散和离子扩散的共同影响，预煅烧对赤泥掺杂改性的吸附剂循环稳定性没有实际的促进作用。

4 造纸白泥衍生 CO_2 吸附剂

4.1 概述

4.1.1 钙基吸附剂的动力学研究

CaO 在吸附 CO_2 的过程当中，首先与较外层的 CaO 进行反应，在 CaO 的表面生成一层 $CaCO_3$，$CaCO_3$ 成核位点的形成是反应的控制步骤，在 415℃ 左右时，快速反应与慢速反应的活化能分别为 87.9kJ/mol 和 179.9kJ/mol[203]。Dedman 等人[204]则报道了一种在快速反应阶段转化率较低在慢速反应阶段转化率较高的两步反应机理。普遍认为，动力学的反应初期速率较快主要受化学反应控制，随后反应速率减慢是由于转变为扩散作用控制。对于化学反应控制阶段，该阶段时间较短，对于其动力学上的模拟一般较为准确，因此在模拟化学反应控制过程中，可以忽略该阶段的误差。而 Behnam Khoshandam 等人[205]则认为碳酸化过程分为单纯化学反应控制、化学反应与扩散共同作用阶段和单纯扩散作用三个阶段。

4.1.1.1 机理模型

由于钙基吸附剂经多次循环后会出现失活的现象，大量研究人员对其进行了掺杂改性，掺杂后的吸附过程就不再是单纯的碳酸化反应，因此需要对原有的吸附模型进行修正。常用吸附模型的第一类为机理模型，其主要模拟方式是通过一系列的机理方程式运算得到最终结果，特点是计算简单操作方便，但其对钙基吸附的机理不能提供较好的解释。机理模型中较常用的就是 Avrami - Erofeev 模型[206]，该模型对恒温气固吸附过程有较好的拟合度，而对于变温吸附则拟合效果较差。另外，该模型同样适用于模拟 $CaCO_3$ 脱附重新生成 CO_2 和 CaO 的过程。

4.1.1.2 反应收缩核模型

第二个常用的碳酸化模型为反应收缩核模型，该模型由 Szekely 和 Evans[207]提出，后经其他学者完善，得到现在使用的反应收缩核模型。该模型除具有计算简便、可操作性强等优点外，还可以对吸附剂结构对动力学性能的影响做出较好的解释，当存在化学反应控制阶段和扩散阶段共同作用时，该模型则不能做出较好的解释。

4.1.1.3　晶粒模型

第三个常用模型是晶粒模型（颗粒模型），Behnam Khoshandam 等人[205]对该模型进行了深入分析，对温度为 400~700℃ 的碳酸化过程具有较好的拟合度。该模型认为扩散过程是整个碳酸化的控制步骤，主宰着整个过程反应速率的快慢。另外，该模型还可用于碳酸化过程的灵敏度分析，经分析结果可知，孔隙率是影响碳酸化过程最重要的因素，孔隙率越大对碳酸化转化率的影响就越小，当孔隙率达到 25% 时，再增加孔隙率不会对该过程造成较大影响；颗粒尺寸的变化也会对碳酸化造成影响，当颗粒尺寸从 21μm 降低至 7μm 时，转化率增加一倍。

4.1.1.4　随机孔模型与颗粒重叠模型

第四类常用的动力学模型是随机孔模型（random pore model，RPM）[208~210]和颗粒重叠模型（overlapping grain model，OGM）[161,211]。其中，使用 RPM 模型研究碳酸化过程的动力学时，规定吸附剂的相是连续的。因此将反应速率式定义如下：

$$\frac{dX}{dt} = \frac{k_{RMP} S_0 c (1 - X) \sqrt{1 - \psi \ln(1 - X)}}{(1 - \varepsilon_0) \left[1 + \dfrac{\beta Z}{\psi (\sqrt{1 - \psi \ln(1 - X)} - 1)} \right]} \tag{4-1}$$

式中，X 为碳的转化率，%；t 为无因次时间；c 为气体浓度，mol/m^3；β 为毕奥模数；Z 为产物体积与反应物固体的体积之比；ψ 为结构参数，与吸附剂的结构紧密相关，通过下式计算得到：

$$\psi = \frac{4\pi L_0 (1 - \varepsilon_0)}{S_0^2} \tag{4-2}$$

式中，L_0 为未经循环时单位体积吸附剂的总长；S_0 为未经循环时单位体积吸附剂的比表面积；ε_0 为吸附剂的初态孔隙率。

以上三种参数均通过吸附剂的孔体积分布计算得出：

$$\varepsilon_0 = 2 \int_0^\infty \nu_0(r) dr \tag{4-3}$$

式中，$\nu_0(r)$ 为孔的半径分布，m。

吸附剂中掺杂铝和镁等金属氧化物有利于提高吸附剂的循环稳定性，但加入这类物质后会在高温下形成复杂的金属氧化物，这类金属氧化物一般是惰性的，不参与碳酸化反应，仅对吸附剂的结构起支撑作用。但碳酸化后期存在扩散过程，因此在研究动力学模型时需将起支撑作用的物质考虑在内，RPM 模型中考虑到这一点，引入变量 Z，将 Z 的计算过程表示如下：

$$Z = \frac{V_{CaCO_3}^*}{V_{CaO}^*} \tag{4-4}$$

$$V_{CaCO_3}^* = \frac{M_{CaCO_3}}{\rho_{CaCO_3}} + \frac{M_{CaO}(1-f)}{f\rho'} \tag{4-5}$$

$$V_{CaO}^* = \frac{M_{CaO}}{\rho_{CaO}} + \frac{M_{CaO}(1-f)}{f\rho'} \tag{4-6}$$

式中，$V_{CaCO_3}^*$，V_{CaO}^* 分别为 $CaCO_3$ 和 CaO 在吸附剂中的摩尔体积，m^3/mol；M_{CaCO_3}，M_{CaO} 分别为 $CaCO_3$ 和 CaO 的摩尔质量，g/mol；f 为 CaO 在吸附剂中所占的质量分数，%；ρ_{CaCO_3}、ρ_{CaO} 与 ρ' 则分别为 $CaCO_3$、CaO 和掺杂剂的密度，kg/m^3。

将碳酸化过程分为化学反应控制阶段和扩散控制阶段，针对两个阶段的特点，两段反应的动力学模拟表达式如下：

化学反应控制阶段：

$$\frac{1}{\psi}\left[\sqrt{1-\psi\ln(1-X)}-1\right] = \frac{k_{RMP}S_0(c_b-c_e)t}{2(1-\varepsilon_0)} \tag{4-7}$$

扩散作用控制阶段：

$$\frac{1}{\psi}\left[\sqrt{1-\psi\ln(1-X)}-1\right] = \frac{S_0}{1-\varepsilon_0}\sqrt{\frac{D_{RPM}M_{CaO}c_b t}{2\rho_{CaO}Z}} \tag{4-8}$$

式中，c_b 为吸附气氛中 CO_2 的浓度，mol/m^3；c_e 为 CO_2 的平衡浓度，mol/m^3；D_{RPM} 为 CO_2 在产物层的扩散系数，m^2/s；k_{RPM} 为固有速率常数，$m^4/(mol \cdot s)$。

Zhou 等人[161]对钙基吸附剂的碳酸化动力学进行考察，其中，使用 RPM 模型模拟后所得化学反应控制阶段活化能为 28.4kJ/mol，扩散作用阶段的活化能为 88.7kJ/mol。该实验结果与其他学者计算所得的 28.4kJ/mol、29kJ/mol±4kJ/mol、24kJ/mol±6kJ/mol、21.3kJ/mol、19.2kJ/mol 和 30.2kJ/mol 相近，在实验的基础上，Zhou 等人[161]认为化学反应控制阶段可以忽略扩散作用的影响，该阶段的活化能与吸附剂类型无关，但对于扩散作用控制阶段，活化能受吸附剂结构的影响较大。

OGM 模型与 RPM 模型类似，均在模拟式中加入了掺杂剂对吸附剂碳酸化性能影响的修正项。OGM 模型中假设吸附剂小颗粒分散在尾气气氛中，将每个小颗粒的碳酸化动力学按照收缩核模型处理，对于单个吸附剂小颗粒，该模型还另外加入了对颗粒排列方式的修正，不同于 RPM 模型，OGM 模型在物相上规定尾气气氛和吸附剂小颗粒是连续相。另外，OGM 模型还规定：（1）吸附剂颗粒由不同尺寸的球形颗粒组成；（2）掺杂剂均匀地分布在吸附剂中；（3）尾气中的 CO_2 浓度与吸附剂内部的 CO_2 浓度相同。

于是将碳酸化动力学模型表示如下：

$$\frac{dr_{c,i}}{dt} = -\frac{V_{CaO}D_{OGM}(c_b-c_e)}{r_{c,i}\left[1-(r_{c,i}/r_{g,i})\right]+(D_{OGM}/k_{OGM})} \tag{4-9}$$

$$\frac{\mathrm{d}r_{g,i}}{\mathrm{d}t} = -\frac{\mathrm{d}r_{c,i}}{\mathrm{d}t}\left[(Z-1)\frac{\varepsilon_c}{\varepsilon_g}\frac{r_{c,i}^2}{r_{g,i}^2}\right] \tag{4-10}$$

$$\varepsilon_c = \exp\left[\ln(\varepsilon_0)\sum\frac{\alpha_i r_{c,i}^3}{r_{0,i}^3}\right] \tag{4-11}$$

$$\varepsilon_g = \varepsilon_0 - (Z-1)(\varepsilon_c - \varepsilon_0) \tag{4-12}$$

$$X = \frac{\varepsilon_0 - \varepsilon_g}{(Z-1)(1-\varepsilon_0)} \tag{4-13}$$

式中，$r_{0,i}$、$r_{c,i}$、$r_{g,i}$ 分别为反应前吸附剂的半径、反应过程中还未参与反应的 CaO 半径和碳酸化过程中吸附剂的半径（见图 4-1），m；ε_0、ε_c、ε_g 分别为反应前吸附剂的孔隙率、反应过程中还未参与反应的 CaO 的孔隙率和碳酸化过程中吸附剂的孔隙率，%；D_{OGM} 为产物层的扩散系数，m^2/s；k_{OGM} 为固有速率常数，m/s；α_i 为不同颗粒尺寸占所有颗粒的百分数。

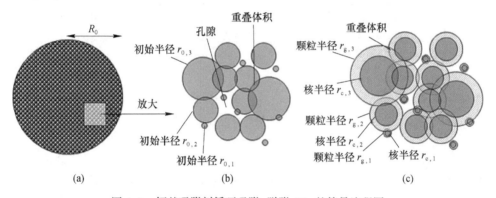

图 4-1　钙基吸附剂循环吸附-脱附 CO_2 的简易流程图

Zhou 等人[161]又使用 OGM 模型对钙基吸附剂的碳酸化动力学进行考察，两个阶段的活化能分别为 32.3kJ/mol 和 113.1kJ/mol。掺杂剂的加入有利于吸附剂孔隙的形成，更有利于 CO_2 进入吸附剂内部，因此该吸附剂（$2.74\times10^{-13}m^2/s$）得到的扩散系数大于石灰石（$10^{-18}\sim10^{-20}m^2/s$、$3.3\times10^{-17}\sim7.7\times10^{-15}m^2/s$）。Liu 等人[46]对 OGM 模型的机理进行了深入分析，使用 MATLAB 对给出的实验数据进行了拟合，结果显示，该模型对不同 CO_2 浓度的碳酸化过程具有较好的拟合度。

4.1.2　钙基吸附剂的经济性能考察

前面已经详细叙述了钙基吸附剂在吸附性能上的优势，本节将对钙基吸附剂的经济实用性做进一步分析，具体过程如图 4-2 所示。CO_2 的循环捕集技术主要包括固体吸附、液体溶剂吸附和膜分离三大类，膜材料造价较高，不适宜规模化生产；而使用液体溶剂吸附时，由于需要加热冷却和真空剥离等耗能步骤，每吨

CO₂ 处理费用常会超过 1000 美元，液体吸附剂中的代表——单乙醇胺（MEA）[212~214]，一直用于化工厂的 CO₂ 吸附，其价格昂贵且对环境有潜在的威胁，工厂尾气中常含有 SO_2、SO_3 和 NO_2 等气体，这些气体会与 MEA 形成不可回收的腐蚀性盐；虽然固体吸附剂如钙基吸附剂也需要加热等耗能步骤，但其经过经济核算后费用远低于上述两种。

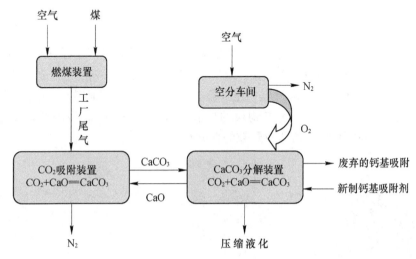

图 4-2 钙基吸附剂循环捕集 CO₂ 的简易流程图

许多学者对钙基吸附剂的经济性能最大化做过深入研究，对于燃烧后的捕集，研究的主要难点在于 CO₂ 回收过程中的能量损失和 CO₂ 压缩过程中所需要的能耗。通过对工厂尾气气氛的分析研究，多数学者对工厂实际生产状况（主要设定尾气温度、流速、组成和压力）进行模拟，Mores 等人[215,216]对燃烧后捕集的工厂实际状况进行了细致的分析并给出了尾气处理工段的经济性能模型。通过整合前人研究的实验成果和实例，对氨基吸附剂进行经济性能分析的主要任务则转化为对经济模型的研究，经济问题研究的一般过程主要包括设定模型参数、研究实验过程并根据过程分析计算得出模型，实际测量模型参数，得出最后结果并根据结果进行过程优化等。实际处理方案研究妥当后，工厂为迎合尾气处理系统则必须对原有设备进行改进，因此，在优化最经济处理方案的同时还需兼顾工厂改造耗费和使用绿色环保生产的设计耗费两大方面。

对于改造耗费，可将热量循环利用，钙基吸附过程中放出的热量可在很多方面循环利用，Botero[217]巧妙地将尾气回收装置与余热蒸汽装置结合，使回收的热量重新利用于胺的重沸炉上。Möller 等人[218]将余热蒸汽装置和蒸汽发动机中产生的蒸汽循环利用在 CO₂ 的循环和胺的再生上，Khalilpour 与 Abbas[219]将燃烧后处理产生的尾气与粉煤发电系统相结合，优化改进了整个过程的热交换系统。

Romeo 等人[220]从技术角度和经济性角度出发,对比了不同条件下的粉煤发电尾气处理技术,结果表明,将涡轮机提供压缩电能与蒸汽循环相结合的节能效果最佳。设计耗费上,Pfaff 等人[221]将关注点集中于通过预热空气降低能耗,将预热过的空气通入 CO_2 捕集单元,可使所需能耗下降。

选择不同尾气处理方法的最终目标就是寻找此种方法的最优操作条件。Cifre 等人[222]与 Abu-Zahra 等人[223,224]在研究动力学的同时,对整个电厂的经济性能和单独处理尾气工段的经济性能做了详细分析。MacKenzie 等人[225]对 360MW 的增压流化燃烧装置进行了详细分析,在实际生产过程中,碳酸化炉中的 CO_2 浓度大约为 78%,而煅烧炉中的 CO_2 浓度则为 100%,于是作者认为燃料在增压流化燃烧装置中燃烧,产生的尾气应直接通过气体涡轮机和热交换器进行处理,经计算可得,每吨 CO_2 的处理费用约为 23.7 美元。

在优化操作方案的过程当中,经常需要使用灵敏度分析的方法来确定方案的稳定性,另外,通过灵敏度分析还可以确定参数对经济模型的影响力,如图 4-3 所示,以下 8 个实因素为实验过程中影响灵敏度的主要因素,这些因素与费用呈线性关系,斜率越大说明灵敏度就越显著。其中,Ca/C 比、钙基吸附剂的成本和钙基吸附剂的失活速率是影响循环捕集过程的主要因素。钙基吸附剂的成本与钙源所在地息息相关,而降低钙基吸附剂的失活速率是目前学者研究的重点,在吸附过程中的影响因素较多,一方面,工厂尾气的气氛中含有 SO_2 等其他酸性气体也会与 CaO 反应生成 $CaSO_4$,$CaSO_4$ 不能重新分解生成 CaO,消耗钙基吸附剂的有效成分;另一方面,CaO 本身在高温循环的条件下也存在比表面积下降、孔隙坍塌和烧结等许多问题,因此提高钙基吸附剂的循环稳定性能可大幅降低吸附剂的用量进而降低循环捕集 CO_2 的成本。

Frank Zeman[226]联合天然气循环过程使用钙基吸附剂直接从空气中捕集 CO_2,并从 7 个因素出发考察其经济性能,由最终总耗费结果可知,工业生产中降低煤炭发电量和塑料(尤其是开关)的使用可显著地降低 CO_2 捕集的耗费,能使处理费用从每吨 610 美元降至 309 美元。研究认为,有效的 CO_2 吸附有利于工业的继续发展,但空气中直接捕集 CO_2 的方法并不能从本质上减少 CO_2 含量,只能避免过多的排放。

Valverde 等人[227]考察了钙基吸附剂在真实尾气气氛下循环吸附 CO_2 时,晶体结构对吸附剂性能的影响。为提高循环的实用性,Valverde 等人对吸附剂的经济性能做了简要分析,认为在煅烧炉中的脱附过程所耗能量将近占到整个循环吸附过程的一半,如果脱附气氛中 CO_2 含量过高,耗能将更大。通过改变 CaO/CO_2 的摩尔比每吨 CO_2 可以降低 1.5~3 欧元的循环处理费用。另外,使用结晶度较低的吸附剂对实际循环系统有利,而结晶度较高的吸附剂则在煅烧过程中需要更多的能量,引起耗能过高,吸附剂烧结加重。

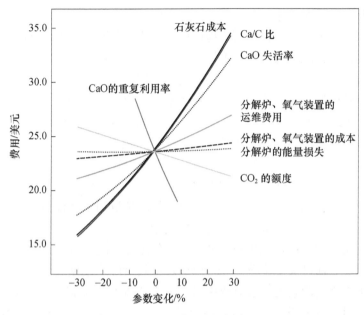

图 4-3　灵敏度分析曲线

Dursun Can Ozcan 等人[228]对循环捕集 CO_2 的耗电量与经济性能进行了细致地分析，其中电能耗费 COE 表示如下：

$$COE = \frac{TCR \times FCF + FOM}{CF \times 8760} + VOM + \frac{FC}{\eta} \qquad (4-14)$$

式中，TCR 为资本需求量，欧元·(kW·h)$^{-1}$；FCF 为固定费用因素（设定为 0.1）；FOM 为固定的操作费和维修费，这类费用共占资本成本的 3.7%；CF 为利用率（设定为 90%）；VOM 为可变的操作费和维修费（设定为 0.01 欧元·(kW·h)$^{-1}$）；FC 代表燃料耗费，欧元·(kW·h)$^{-1}$，其值取决于所使用的燃料种类；η 为代表电能利用率，%。

由计算结果可知，空气燃煤发电的 COE 值最小，而使用纯氧燃煤发电的 COE 值最大，约为 139 欧元·(kW·h)$^{-1}$，这是由于使用纯氧作为助燃剂，需要单独的空分车间，增大设备操作和维修费用（FOM、VOM）两项；另外，煤的价格低于天然气，使用煤作为燃料可以降低燃料耗费（FC）。最后，对该研究过程的灵敏度进行分析，结果显示天然气和税收两大因素成为影响 CO_2 循环捕集的主要因素。

Cohen 等人[229]构建 MILP 模型模拟优化 CO_2 循环捕集的经济性能，将数值带入该模型后，通过 GAMS 分析优化其性能参数。当电价变化时，该模型的模拟结果仍然使用。Bernier 等人[230,231]将一个简单的燃气轮机模型与 ASPEN 流程模拟过程相结合，利用帕累托最优解得到耗电费用和全球变暖潜能值两个重要结果，并根据这两个结果对性能进行具体分析。Mores 等人[215,216]对这一过程进行了细致分析，通过推导所得方程对设备设计参数和操作参数进行优化，得到经济性能最优的系统参数。将该模型运用于 MEA 循环吸附过程，通过三级 MEA 吸附处理后 CO_2 的浓度下降速率可达 82.1%，对 CO_2 的吸附则可高达 94.8%，但该过程中还剩有 13.4% 的尾气无法吸附。经最后计算，每吨 CO_2 的处理费用为81.7 美元。

根据对上述经济性能的分析，本书中合成的钙基吸附剂在经济性能上有三个优势：第一，对比常规合成吸附剂，其钙源本身即为造纸厂废弃物，虽然经多次循环后吸附剂仍会失活，但其却可以继续用于建筑材料，不会造成二次污染，可以减少年度总耗费；第二，处理白泥原样的蔗糖溶液可循环利用，且多次循环的蔗糖溶液中不含重金属元素，降低了废水处理的成本；第三，循环过程中吸附和脱附温度一致，因此在煅烧过后不需要冷却过程，降低能耗，使减排费用减少。

4.2 掺杂改性造纸白泥吸附性能

4.2.1 造纸白泥作为钙源对 CO_2 的吸附

将在 760℃煅烧 4h 的造纸白泥（简称 LM）和相同条件下煅烧得到的分析纯碳酸钙（简称 $CaCO_3$）在气氛为 CO_2 50mL/min 和 N_2 50mL/min，升温速率 10K/min，温度区间 30~1000℃的条件下进行吸附性能测试。LM 和 $CaCO_3$ 的质量随碳酸化温度升高的变化趋势如图 4-4 所示。

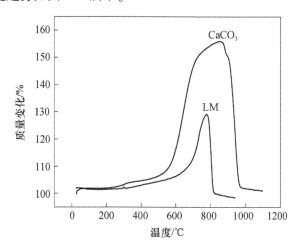

图 4-4　LM 与 $CaCO_3$ 的质量变化曲线

由图 4-4 可知，LM 的碳酸化温度在室温至 600℃之间时，CO_2 的吸附速率缓慢且吸附量极小；当温度上升至 700℃时，吸附速率开始迅速增加；700~

840℃范围内吸附剂的质量变化曲线迅速上升，因此最佳吸附温度应在此区间进行选择，经计算得出，当温度为 750℃ 时 TG 曲线的斜率最大，质量增加速率最快，即选定该温度作为碳酸化温度；当温度大于 840℃ 时，LM 中碳酸化形成的碳酸钙开始分解。对比二者的吸附情况，LM 的质量变化较 CaCO$_3$ 低 30%，原因是 LM 中有大量杂质，这些惰性杂质不吸附 CO$_2$ 并降低了 CaO 在吸附剂中的含量。其次，CaCO$_3$ 的质量变化范围较大，且 CaCO$_3$ 开始迅速碳酸化的温度较 LM 低。虽然 LM 在吸附量和吸附温度上较 CaCO$_3$ 差，但其吸附速率和脱附速率与 CaCO$_3$ 趋势相似，因此，将废弃物 LM 加以改性后作为钙源有一定的优势。

　　LM 与 CaCO$_3$ 在热重分析仪中进行 15 次循环的转化率情况如图 4-5 所示，经 15 次循环，CaCO$_3$ 的转化率下降趋势较为明显，这主要是由于高温易使吸附剂烧结，随着循环次数的增加，吸附剂的比表面积降低、对吸附有利的孔结构（尺寸小于 220nm）减少，阻碍了 CO$_2$ 的扩散速率，因此，吸附剂的碳酸化转化率逐渐降低。虽然 LM 的转化率与 CaCO$_3$ 相差甚远，但 LM 转化率的下降趋势较缓（第 15 个循环较第 1 个循环下降了 26.3 个百分点，而 CaCO$_3$ 经过 15 个循环则下降了 59.04 个百分点），因此，LM 在循环稳定性上有一定优势。考虑到废弃物的合理应用和成本问题，对于 LM 的循环吸附量相对较差这一不利性质，仍可以通过不同的改性手段对 LM 进行性能优化，本节中使用九水合硝酸铝（AlN）和铝土矿尾矿（BTs）对 LM 进行掺杂改性，以期对 LM 的再利用提供参考。

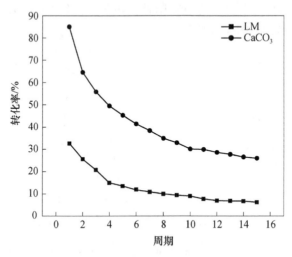

图 4-5　LM 与 CaCO$_3$ 的循环转化率曲线

4.2.2　CO$_2$ 循环吸附-脱附条件的确定

　　CO$_2$ 循环吸附-脱附的操作条件对转化率有较大影响，通常情况下，操作条件的考察主要包括吸附-脱附的温度、时间和气氛三方面。氧化钙吸附 CO_2 实际上是一个放热过程，反之，碳酸钙的分解过程则是一个吸热过程，但为加快 CO_2 循环吸附-脱附的反应速率，该过程常在高温下进行。通常情况下，吸附过程的温度区间控制在 $600 \sim 800℃$，而脱附过程的温度区间则控制在 $800 \sim 1000℃$ 范围内。在确定时间和气氛两个因素时，要考虑吸附-脱附时间与 CO_2 浓度和流量有关，一般在 $5 \sim 60min$ 不等。因此，本书参考其他学者的实验条件对钙基吸附剂的最优吸附和脱附条件进行考察。

由图4-4选定 $750℃$ 为碳酸化温度，并经过计算得知在 $750℃$，50% CO_2 的气氛下碳酸化速率最快。CO_2 的循环吸附-脱附在热重分析仪上进行，本实验通过改变气氛在恒温情况下进行 CO_2 循环吸附-脱附实验。图4-6所示为 LM 在 $750℃$、50% CO_2 的气氛下恒温循环一次的 TG 曲线，样品首先以 $20K/min$ 的升温速率从室温升至 $750℃$（N_2 $100mL/min$），之后变化到碳酸化气氛下（CO_2 $50mL/min$ 和 N_2 $50mL/min$）进行恒温吸附。由图4-6可以看出，碳酸化进行至 $10min$ 以后，TG 曲线上升趋势过于缓慢，于是选择 $10min$ 作为碳酸化时间；再考察煅烧时间，将碳酸化气氛调节为煅烧气氛（N_2 $100mL/min$），在 $750℃$ 下 $5min$ 达到完全分解，于是选择 $5min$ 作为煅烧时间。因此，在 $750℃$ 下对 LM 进行循环 CO_2 吸附-脱附实验是可行的。

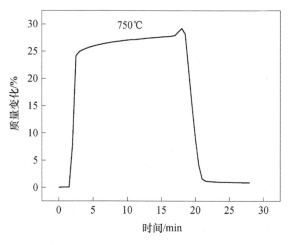

图4-6 LM 的 TG 曲线

4.2.3 掺杂剂的 CO_2 吸附性能考察

AlN 在 $75℃$ 时开始脱水，$135℃$ 时分解形成碱式盐，当温度高于 $500℃$ 时完全分解成氧化铝，氧化铝在本实验的吸附条件下不与 CO_2 发生反应，因此需要对 BTs 的 CO_2 吸附性能进行考察。由于在气体速率大、待测样品加入量较小时可以忽略质量传递对实验结果的影响，因此使用 100mL/min 的总气流量进行考察，首先在 100mL/min 的 N_2 中以 20K/min 升至 750℃后，保持温度不变并将气氛切换为 50mL/min 的 N_2 和 50mL/min 的 CO_2，在该气氛下保持 30min 可得出 BTs 的 TG 曲线如图 4-7 所示。该过程与吸附剂循环吸附-脱附的实验条件保持一致，以减小实验条件对吸附性能的影响。由于本实验使用的热重分析仪在样品加入量为 5~10mg 之间较为灵敏，因此 BTs 的加入量也控制在 8mg 左右。

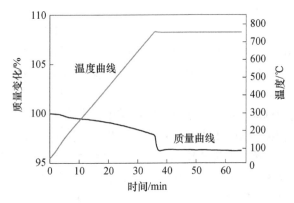

图 4-7　BTs 的 CO_2 吸附曲线

4.2.4　掺杂量对 CO_2 循环吸附性能的影响

LM 的 CO_2 循环吸附-脱附性能较差，因此使用 AlN 和 BTs 作为铝源对 LM 进行掺杂改性。加入 AlN 有两点好处：第一，$Al(NO_3)_3$ 属于强酸弱碱盐，铝离子是弱碱离子，会与水发生反应 $Al^{3+}+3H_2O \Longrightarrow Al(OH)_3+3H^+$，生成 $Al(OH)_3$ 和 H^+ 使溶液显酸性，在酸性环境下 $CaCO_3$ 就转化为 $Ca(NO_3)_3$，随后再经高温煅烧，$Ca(NO_3)_3$ 受热分解形成大量孔使得吸附剂的吸附位点增多；第二，高温预煅烧不仅使吸附剂生成大量的孔，还同时生成了 Al_2O_3，Al_2O_3 在高温下会继续与 CaO 反应生成有利于 CaO 骨架稳定防止烧结的物质。BTs 中含有大量的 Al_2O_3，加入 BTs 掺杂一方面可以增加结构稳定性，另一方面，BTs 属于废弃物，这为其再利用提供了一个新方向。

掺杂量过高时会导致活性 CaO 含量降低，吸附量下降；反之，掺杂量过低会导致吸附剂结构稳定性差。将铝源按质量分数分别为 5%、10%、15% 和 20% 与 LM 进行掺杂（铝源的质量分数指的是 AlN（或 BTs）中 Al_2O_3 的质量分数）。经掺杂预煅烧后得到的吸附剂再放入热重分析中，待温度升至 750℃ 时开始进行循环实验，循环结果如图 4-8 所示。

由图 4-8（a）可知，LM 通过掺杂改性后，循环性能明显提高，掺杂 15% AlN 合成的吸附剂循环性能最优（LM-AlN-15-4-800），其第一次循环转化率可

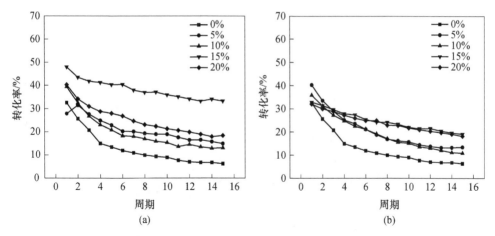

图 4-8 不同掺杂量对 CaO 基吸附剂循环吸附性能的影响

(a) 掺杂 AlN; (b) 掺杂 BTs

以达到 48.0%，而第 15 次循环转化率则为 33.3%，其第 15 次转化率仍大于 LM 的第一次循环转化率（32.6%）。在循环稳定性方面，LM 的平均每次循环转化率降低 1.75%，而通过改性后平均每次仅降低 0.98%。由图 4-8(b) 可知，对比 BTs 和 AlN 的曲线，AlN 在转化率方面仍然存在较大优势，LM-BTs-15-4-800 与 LM-BTs-20-4-800 的转化率情况相近。以 LM-BTs-15-4-800 为例，转化率从 32.8% 降至 19.1%，分别较 LM-AlN-15-4-800 低 15.2% 和 14.2%。但对 LM 而言，BTs 的加入对循环稳定性有一定的提高，从 LM 第 15 次循环的 6.3% 提高至 19.1%，适宜的掺杂量不仅可以增加结构稳定性而且还能降低吸附剂本身的尺寸，因此掺杂改性对循环有益。

掺杂剂 BTs 的 XRD 图如图 4-9 所示，BTs 的组分复杂，主要有 Al_2O_3、Fe_9TiO_{15}、SiO_2、Fe_3O_4、TiO_2 和 $Ca_{0.986}(Ti_{0.605}Al_{0.349}Fe_{0.023})Si(O_{0.508}(OH)_{0.492})O_4$ 等物相。从图 4-9 可知，Al_2O_3 为 BTs 的主要成分，可以与 CaO 在高温下形成 $Ca_{12}Al_{14}O_{33}$ 与 $Ca_9Al_6O_{18}$ 等对循环稳定性有益的惰性物质。

由图 4-10 可以看出，经煅烧预处理得到的造纸白泥主要由 CaO 组成，经掺杂后的白泥中 CaO 峰强减弱并有部分消失。这是由于 CaO 在高温下与铝土矿尾矿中的杂质和 $Al(NO_3)_3$ 形成了一系列的化合物 $Ca_{12}Al_{14}O_{33}$、$CaSi_2O_5$ 和 $KAlSiO_4$。对于 LM-BTs-15-4-800 而言，铝土矿原有的一些物质在高温下反应生成其他物质或是转变为非晶态形式，因此没有被检测出来。生成的杂质中 $Ca_{12}Al_{14}O_{33}$ 的含量最高，可见在 800℃ 的预煅烧温度下，钙与铝之间形成的化合物主要以 $Ca_{12}Al_{14}O_{33}$ 形式存在。实验研究表明，$Ca_{12}Al_{14}O_{33}$ 在碳酸化过程中不与 CO_2 反应且具有抗烧结的性能，可以从本质上提高吸附剂的循环稳定性。

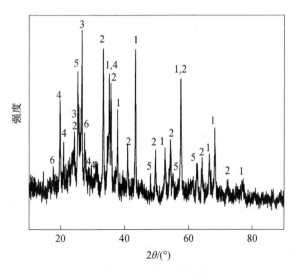

图 4-9　BTs 的 XRD 图

1—Al_2O_3；2—Fe_9TiO_{15}；3—SiO_2；4—Fe_3O_4；5—TiO_2；

6—$Ca_{0.986}(Ti_{0.605}Al_{0.349}Fe_{0.023})Si(O_{0.508}(OH)_{0.492})O_4$

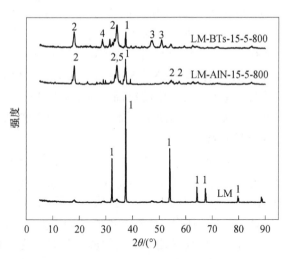

图 4-10　LM、LM-AlN-15-4-800 和 LM-BTs-15-4-800 的 XRD 图谱

1—CaO；2—$Ca_{12}AL_{14}O_{33}$；3—$Ca(OH)_2$；4—$KAlSiO_4$；5—$CaSi_2O_5$

4.2.5　预煅烧温度和时间对 CO₂ 循环吸附性能的影响

近年来，钙基吸附剂发展方向趋于寻找废弃物作为原材料，再经过处理改善废弃物的性质，以期达到以废治废的目的。其中，对废弃物性质的改善通常称为预处理，其方式主要包括水合钙源、预煅烧和掺杂等。水合钙源是一种常见的改

性方式，其主要有两种操作模式，一类是在循环前对钙源进行水合，而另一类则是在每次循环时对钙源进行水合。经研究表明，CaO 水合后形成的 Ca(OH)$_2$ 摩尔体积大，因此在反应中颗粒更容易碎裂，碎裂后的吸附剂尺寸减小、比表面积和孔隙率增大，有益于钙基吸附剂在热重分析仪中的循环。但颗粒变小的同时也限制了钙基吸附剂的工业应用，一方面，用水蒸气水合钙基吸附剂得到的循环转化率要比用液态水的效果显著，而生产蒸汽会增加能耗，加大吸附 CO$_2$ 的成本；另一方面，工业应用的钙基吸附剂对颗粒强度有一定要求，此种方法处理后得到的吸附剂强度较低，无法满足工业应用。

考虑到水合改性的缺陷，本节使用预煅烧来改性钙基吸附剂的性能，预煅烧能够增加钙基吸附剂孔隙率，而且对孔隙结构的稳定性也有所提高。经高温煅烧的吸附剂常会出现前几个循环碳酸化转化率较低，但随后逐渐升高的趋势，这种现象被称作"自催化"。提高预煅烧时间和预煅烧温度有利于钙基吸附剂的长周期循环，Manovic 等人[152,153]对四种加拿大石灰石进行预煅烧处理，研究发现在煅烧过程中同时存在两种不同的扩散现象，一种是 CaCO$_3$ 形成和分解时发生的体积扩散，体积扩散易导致吸附剂结构坍塌，而另一种存在于 CaO 晶体中的离子扩散，有利于吸附剂形成稳定的结构。Manovic 等人[232]又在 1000℃、100%CO$_2$ 的气氛下对吸附剂进行 24h 的煅烧预处理，得到的吸附剂经 45 个循环后，其性能比未预煅烧的吸附剂高出 5%~10%。但也有研究人员认为[233]，对吸附剂进行高温预煅烧处理时还需考虑煅烧条件和吸附剂本身所含杂质的影响，煅烧温度、CO$_2$ 的含量以及吸附剂中含有 Na、K 等杂质都会影响 CO$_2$ 的循环吸附性能。

分析图 4-8 可知，LM-AlN-15-4-800 和 LM-BTs-15-4-800 的循环效果较好，因此，继续对预煅烧时间进行考察。如图 4-11(a)、(b) 所示，两种铝源在不同煅烧时间的条件下对循环性能的改善有所不同。对于掺杂 Al(NO$_3$)$_3$ 的吸附剂而言，随着预煅烧时间增加，吸附剂的循环稳定性明显地增强，当预煅烧时间增加至 6h 时，循环性能略有下降，因此，预煅烧 5h 效果最佳。主要是由于 Al(NO$_3$)$_3$ 经煅烧后会逐步分解，其中 NO$_3^-$ 部分分解为气态氮氧化物为吸附剂本身提供大量孔隙，增加的比表面积有利于循环，但过长的煅烧时间会导致孔隙坍塌循环性能下降。相对于掺杂 Al(NO$_3$)$_3$，煅烧时间对掺杂 BTs 的吸附剂影响较小，当预煅烧时间为 4h 时，循环效果最优。对掺杂 BTs 的吸附剂而言，预煅烧也可以使 LM 中的 CaCO$_3$ 分解形成 CaO 使得吸附剂产生孔结构。

如图 4-12 可知，除预煅烧时间外，预煅烧温度也是影响钙基吸附剂循环转化率的重要因素。图 4-12(a) 中 LM-AlN-15-5-800 的转化率最佳，从第一个循环的 55.5%降至 43.5%，共降低了 12%，经预煅烧所得的吸附剂 LM-AlN-15-5-800 和 LM-AlN-15-5-900 性能明显优于未经煅烧的吸附剂，而当预煅烧温度升至 900℃时，循环稳定性有所提高但转化率下降（第一个循环 45.6%，第 15

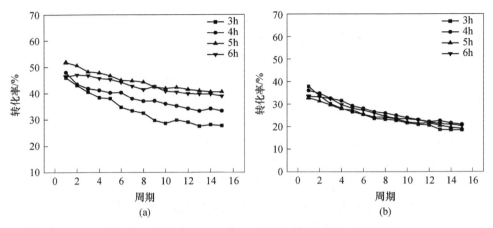

图 4-11 预煅烧时间对 CaO 基吸附剂循环吸附性能的影响

(a) 掺杂 AlN；(b) 掺杂 BTs

个循环 37.2%），Borgwardt[234]认为在 N₂ 的气氛下煅烧 CaO，900℃时的烧结速率比 800℃高出一个数量级，因此在大于 800℃的温度下煅烧会加重吸附剂的烧结，对循环不利。LM-BTs-15-4-800 与 LM-BTs-15-4-900 的情况与图 4-12(a) 类似，但未经煅烧的吸附剂比 900℃下煅烧 5h 的吸附剂循环性能好，高温预煅烧会加速 LM 中杂质与 CaO 的反应，降低活性 CaO 的含量使吸附性能下降（见图 4-13）。

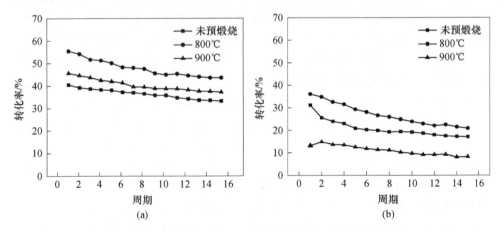

图 4-12 预煅烧温度对 CaO 基吸附剂循环吸附性能的影响

(a) 掺杂 AlN；(b) 掺杂 BTs

图 4-14 所示为 LM、LM-AlN-15-5-800 和 LM-BTs-15-4-800 的循环转化率对比图，其中 LM-AlN-15-5-800 和 LM-BTs-15-4-800 分别为两种不同掺杂剂制备的最佳循环性能吸附剂。由图可知，经掺杂后循环稳定性均有所提高，掺杂 Al(NO₃)₃ 对循环性能的提高较铝土矿尾矿好，但所需预煅烧时间较长。

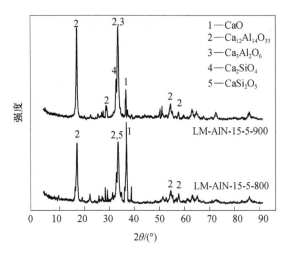

图 4-13 LM-AlN-15-5-800 和 LM-AlN-15-5-900 的 XRD 图

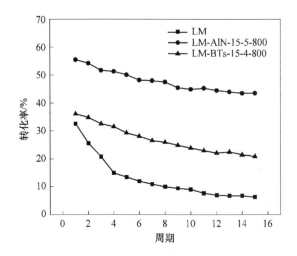

图 4-14 LM、LM-AlN-15-5-800 和 LM-BTs-15-4-800 转化率比较

4.2.6 吸附剂的表征

图 4-15(a) 所示为 LM 在吸附 CO_2 之前的微观形貌结构,LM 的颗粒尺寸较大且呈片层状,表面较为光滑,此类结构不利于 CO_2 分子扩散进入吸附剂内表面与内部的 CaO 发生反应,因此从结构上可推知其转化率较低。经过 15 次循环后(见图 4-15(b)),由于吸附剂烧结较为严重,导致颗粒尺寸增大,比表面积减小循环吸附性能下降。

由图 4-16(a)、(c) 可知,经预煅烧和掺杂合成的吸附剂 LM-BTs-15-4-800 其尺寸较 LM 小。经过 15 次循环时,LM-BTs-15-4-800 发生烧结,吸附剂

图 4-15　LM 的 SEM 分析

（a）预煅烧后的 LM；（b）15 次循环后的 LM

晶粒烧结融合尺寸变大、孔隙减少、转化率下降。而 LM-AlN-15-5-800 有良好的结构稳定性，疏松多孔的结构减少了 CO_2 在吸附剂内部扩散的阻力，提高了 CaO 的利用率，进而增加了循环过程的稳定性（如图 4-16(b)，(d)）。

图 4-16　LM-AlN-15-5-800 和 LM-BTs-15-4-800 的 SEM 分析

（a）LM-AlN-15-5-800 吸附 CO_2 前；（b）LM-BTs-15-4-800 吸附 CO_2 前；（c）LM-AlN-15-5-800

吸附剂经 15 次循环；（d）LM-BTs-15-4-800 吸附剂经 15 次循环

发生碳酸化反应的第一步就是 CO_2 与 CaO 进行气固接触，因此，化学吸附要以物理吸附为前提，而物理吸附过程中，比表面积和孔结构至关重要。吸附剂的比表面积大，物理吸附作用也就相对较强，能提供更多的 CO_2 吸附位点，提高钙基吸附剂的碳酸化转化率，这就是制备较大比表面积吸附剂的意义所在。因此，本节为进一步诠释两种不同掺杂剂制备的吸附剂之间的差异，对 LM 进行了 N_2 吸附-脱附测试，如图 4-17(a) 所示的滞后环属于 H3 型，滞后环的种类对应特定的孔结构，根据吸附理论可知，该类滞后环对应于片状粒子堆积形成狭缝的孔结构与 SEM 图的结果相符。白泥原样经预煅烧后的比表面积仅为 $2.261m^2/g$，孔径分布较为分散且主要为大孔结构，平均孔径为 73.353nm 不利于提供较多的吸附位点，因此 LM 的循环性能较差。

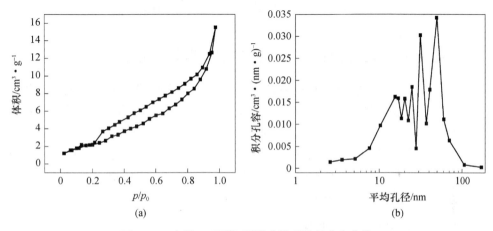

图 4-17　白泥 N_2 吸附-脱附曲线和孔径分布曲线

从图 4-18 和表 4-1 可知，合成的吸附剂 LM-AlN-15-5-800 与 LM-BTs-15-4-800 比表面积均有明显提高。掺杂剂的种类对吸附剂的结构影响较大，根据掺杂剂的不同，比表面积从 $2.261m^2/g$ 到 $8.547m^2/g$ 和 $9.139m^2/g$ 且掺杂 $Al(NO_3)_3$ 的平均孔径降低为 49.480nm。在 $p/p_0 = 0.4 \sim 0.8$ 左右曲线急剧上升，这段位置与孔径尺寸大小有关，变化范围较宽时均一性较好；而当 p/p_0 大于 0.8 时，曲线继续上升，此现象说明钙基吸附剂中存在大孔和孔堆积。

表 4-1　LM、LM-AlN-15-5-800 和 LM-BTs-15-4-800 的 BET 分析结果

分析结果	样品		
	LM	LM-BTs-15-5-800	LM-AlN-15-4-800
比表面积/$m^2 \cdot g^{-1}$	2.261	8.547	9.139
总孔体积/$cm^3 \cdot g^{-1}$	8.294×10^{-3}	2.399×10^{-2}	2.261×10^{-2}
平均孔径/nm	73.353	56.128	49.480

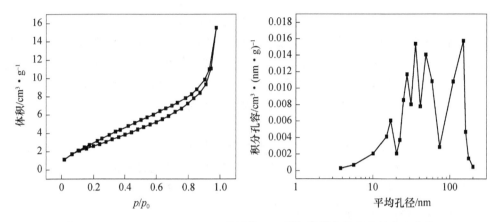

图 4-18   LM-AlN-15-5-800 吸附剂的 N_2 吸附-脱附曲线和孔径分布曲线

4.3 提纯改性造纸白泥的 CO_2 循环吸附-脱附性能研究

使用铝土矿尾矿掺杂法改性造纸白泥的目的是为吸附剂提供更加稳定的结构，但实验结果表明，直接掺杂铝土矿尾矿对吸附剂的循环转化率提高并不显著。因此，本节考虑首先对造纸白泥进行提纯，去除白泥原样中对循环不利的杂质（Cl、Na 等）；第二步在提纯后的白泥中加入铝土矿尾矿进行有利元素的掺杂。该法一方面可以充分利用白泥中的 CaO 资源；另一方面，加入铝土矿尾矿可以进一步提高吸附剂结构稳定性。

4.3.1 水洗法提纯改性造纸白泥

4.3.1.1 水洗法提纯造纸白泥的原理及意义

造纸碱回收过程中会生成的大量造纸白泥，因造纸原料的不同可将生成的白泥分为木浆白泥和草浆白泥。以木材为原料得到的白泥纯度相对较高，可通过煅烧法重新得到 CaO，使白泥在碱回收过程中重复利用，但多次使用后仍会成为废渣给环境造成巨大的负担；而以非木材纤维为原料得到的造纸白泥中硅含量相对较高（SiO_2 含量在 7.49% ~ 11%），难以回收利用。因此，对白泥的再利用已成为造纸厂迫切需要解决的一个难题。造纸白泥的主要成分为 $CaCO_3$，分析纯 $CaCO_3$ 呈白色而白泥呈灰绿色，这是由于碱回收过程得到的铁离子呈三价，Fe^{3+} 与具有还原性的 S^{2-} 发生氧化还原反应生成亚铁离子使白泥显现灰绿色[235,236]。

相对于其他钙基吸附剂，用钙基废弃物合成的吸附剂杂质含量更高，研究证明，Na、K、Cl^- 等杂质的存在会加剧钙基吸附剂的烧结，破坏对碳酸化过程有利的孔隙结构，导致白泥循环性能下降。大多数含上述几种元素的化合物均易溶于水，因此，考虑通过多次水洗法去除白泥中的可溶性杂质并考察其循环吸附性能。经水洗烘干后白泥呈灰黄色，下文称水洗白泥（WLM）。

4.3.1.2 水洗法提纯造纸白泥的 CO_2 循环吸附-脱附性能考察

图 4-19 所示为白泥（LM）和不同水洗次数的水洗白泥（WLM）转化率对比图，由图可知，相同的循环次数，水洗对 LM 的循环性能的提高并不显著；而水洗次数对循环转化率的影响也基本可以忽略，LM 经 4 次水洗得到的吸附剂（WLM(4)）经 1 次循环后的转化率为 33.9%，仅比 LM 高 1.4%，而第 15 次循环，WLM 的转化率也仅较 LM 提高了 3.5%。在循环稳定性方面，水洗对 LM 的循环略有提高，WLM(4) 的转化率从第 1 次到第 15 次循环共降低了 24.1%，而 LM 的转化率从第 1 次到第 15 次循环共降低了 26.3%。

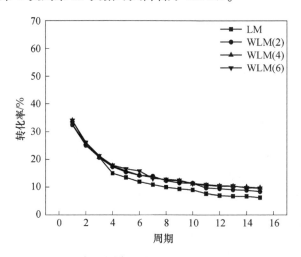

图 4-19 LM 与不同水洗次数 WLM 的循环转化率曲线

4.3.2 蔗糖法提纯改性造纸白泥

4.3.2.1 蔗糖法提纯造纸白泥的原理

使用水洗法并不能从本质上改善造纸白泥的循环稳定性和循环吸附量，从经济角度考虑，水洗法的耗水量较大，大规模使用时产生的大量废水也对环境造成了巨大负担。因此，本书参考其他学者改性废弃钙源的方法对造纸白泥进行改性，孙荣岳[237]通过丙酸对电石渣（电石与水反应制备乙炔后生成的废渣）进行改性，该法主要利用丙酸将无机钙（电石渣）变为有机钙（丙酸钙），有机钙在煅烧过程中分解生成大量气体，使得在 20~100nm 范围内的孔增多比表面积增大，吸附量及吸附速率也有所提高；刘长天[238]使用粗木醋酸对电石渣进行改性，研究发现在加入有机酸进行改性时，过高的煅烧温度会造成有机物剧烈燃烧吸附剂表面温度迅速上升发生烧结现象；Dai 等人[239]用蔗糖溶液对高温煅烧后的磷石膏中的有效钙进行提纯，得到了纯度较高、白度较好的碳酸钙，因此本节考虑使用蔗糖法提纯，分离白泥中的有效钙和不溶性杂质。

煅烧后的造纸白泥由 CaO、不可溶性杂质和可溶性杂质三部分组成，可溶性杂质可以用水部分去除，因此不溶性杂质成为净化提纯白泥的难点。每克水中可以溶解 0.131g CaO，溶解度很低，但可以与水形成 $Ca(OH)_2$ 并与蔗糖溶液结合生成溶解度较大的蔗糖—钙，由图 4-20 可知蔗糖分子与 $Ca(OH)_2$ 间存在共价键作用，此法可以用于分离不溶性杂质和 CaO，其反应的化学方程式如下：

$$CaO + C_{12}H_{22}O_{11} + 2H_2O \longrightarrow C_{12}H_{22}O_{11} \cdot CaO \cdot 2H_2O \tag{4-15}$$

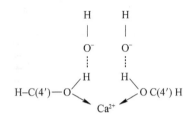

图 4-20　蔗糖分子与氢氧化钙间的共价键作用

随后，将 CO_2 缓慢地通入蔗糖—钙溶液中使其转化为 $CaCO_3$ 沉淀，此时可将有效的 CaO 成分与可溶性杂质分离，其中有效 CaO 是指具有一定活性的 CaO（除了生烧、过烧的 CaO 和其他含钙化合物），其反应的化学方程式如下：

$$C_{12}H_{22}O_{11} \cdot CaO \cdot 2H_2O + CO_2 \longrightarrow CaCO_3 \downarrow + C_{12}H_{22}O_{11} + 2H_2O \tag{4-16}$$

使用上述两步方法的优点在于可以将有效 CaO 与杂质分离，另一方面加入的蔗糖可以循环使用，加入的 CO_2 也可以通过煅烧生成的 $CaCO_3$ 重新生成，此时得到的产物即为改性白泥（GLM），该过程实现原料的重复利用。最终得到的 $CaCO_3$ 再经掺杂预煅烧制备成钙基吸附剂，并考察其循环性能，提取过程如图 4-21 所示。

4.3.2.2　蔗糖法提纯造纸白泥的 CO_2 循环吸附-脱附性能考察

图 4-22 所示为 LM 与 GLM 的循环转化率对比图，通过蔗糖法提纯改性，LM 的循环转化率从 32.6% 提高至 39.0%，经过 15 次循环 LM 的转化率从 6.3% 提高至 15.0%。LM 经蔗糖处理后循环稳定性也有所提高，从每次循环下降 1.75% 变为每次循环下降 1.6%。之所以循环性能提高是因为一方面吸附剂中有效钙含量提高，吸附容量增大；另一方面是由于经该法得到的 $CaCO_3$ 表面附着有少量蔗糖分子，再经过掺杂煅烧后蔗糖分子的分解增加了 GLM 的孔隙结构，减缓了吸附剂的烧结。因此，使用该方法对造纸白泥进行改性是可行的。

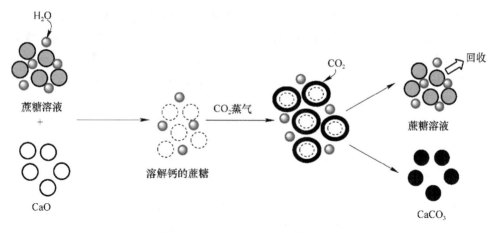

图 4-21 $CaCO_3$（GLM）的制备过程

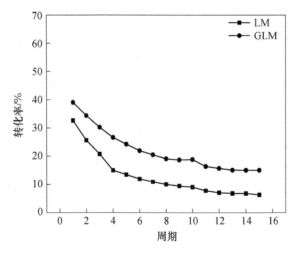

图 4-22 LM 与 GLM 的循环转化率曲线

4.3.3 蔗糖法提取氧化钙的条件考察

蔗糖钙是一系列化合物，其中包括 $C_{12}H_{22}O_{11} \cdot CaO$（蔗糖一钙）、$C_{12}H_{22}O_{11} \cdot 2CaO$（蔗糖二钙）和 $C_{12}H_{22}O_{11} \cdot 3CaO$（蔗糖三钙）[240]。蔗糖提纯的过程中，蔗糖分子与氧化钙首先生成易溶的蔗糖一钙，随后蔗糖一钙部分转化成难溶的蔗糖二钙和蔗糖三钙。本节的目的在于使有效钙与白泥中的不溶物分离，即反应条件应生成大量的蔗糖一钙。因此，本节从反应的温度、搅拌时间和蔗糖溶液浓度3方面考察，以期寻找最佳的实验条件。

对每个反应条件进行单因素实验，考察反应温度、搅拌时间、液固比和蔗糖溶液浓度对有效氧化钙提取率的影响。在考察蔗糖溶液时，保持温度 20℃、液固比 40 和时间 30min 不变；在考察温度时，保持蔗糖溶液浓度 0.4mol/L、液固比 40 和时间 30min 不变；在考察时间的实验中，保持蔗糖溶液浓度 0.4mol/L、液固比 40 和温度 20℃ 不变；在考察液固比时，保持温度 20℃、蔗糖溶液 0.4mol/L 和时间 30min 不变。对各个单因素的考察结果见表 4-2。

表 4-2　单因素分析实验数据

浓度/mol·L^{-1}	提取率/%	时间/min	提取率/%	温度/℃	提取率/%	液固比	提取率/%
0.2	70.49	10	64.87	20	74.99	20	50.16
0.4	74.99	30	74.99	40	76.38	40	74.99
0.6	63.45	60	75.54	60	82.53	60	80.56
0.8	52.54	90	70.29	80	79.34	80	88.04

结合表 4-2 中的数据和图 4-23 中的变化趋势可知，蔗糖溶液的浓度、搅拌时间、反应温度和液固比对造纸白泥中有效 CaO 的提取均有影响。如图 4-23 (a) 所示，随着提取液浓度的增加，白泥粉末加入蔗糖溶液后迅速聚集成团，形成较大的颗粒阻止蔗糖与 CaO 继续反应，因此，当浓度达到 0.8mol/L 时，提取率下降至 52.5%；图 4-23 (b) 中蔗糖浓度为 0.4mol/L，而 CaO 的提取率随时间的增加呈现先上升后下降的趋势，这是由于随着反应时间的增加，蔗糖与 CaO 生成的可溶性的蔗糖一钙会逐渐转化为不溶的蔗糖二钙和蔗糖三钙，因此，在 60min 时提取率最高；而温度对提取率的影响并不明显，但仍然可以看出随着温度的升高，提取率呈上升趋势。总体而言，液固比和蔗糖溶液的浓度对 CaO 的提取率影响最大。

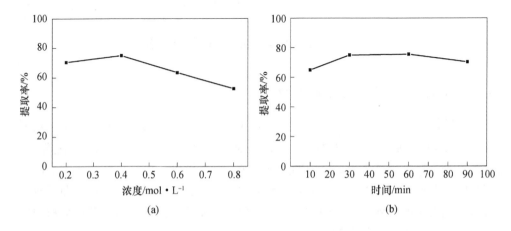

(a)　　　　　　　　　　　　　　(b)

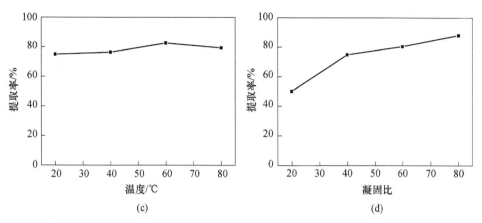

图 4-23 不同实验条件对提取活性氧化钙的影响
（a）蔗糖溶液的浓度；（b）搅拌时间；（c）反应温度；（d）液固比

5 负载型 CO_2 吸附剂

5.1 概述

向钙源中掺入惰性物质可明显改善钙基吸附剂 CO_2 循环吸附性能。将 CaO 颗粒分散到惰性物质这个概念可能是源于将活性成分分散到多孔惰性载体中成功合成了新型吸附剂和催化剂。另外,有研究者发现白云石(主要成分是 $CaCO_3$ 和 $MgCO_3$)的循环吸附 CO_2 性能要优于石灰岩,这可能是因为白云石煅烧后,$MgCO_3$ 分解生成的 MgO 作为惰性物质可以阻止 $CaO/CaCO_3$ 的烧结[241],这个发现证明了掺杂惰性物质的可行性。Aihara 等人[242]首次将这个概念付诸实践,他使用乙醇将 $CaCO_3$ 和 $CaTiO_3$ 前驱体混合,利用醇盐水解得到掺杂 $CaTiO_3$ 惰性物质的钙基吸附剂,这种 CaO 吸附剂循环稳定性很好。此后,一系列惰性支撑物质被研究,如 $Ca_{12}Al_{14}O_{33}$、MgO、$CaTiO_3$ 等。目前,往钙源中掺杂惰性支撑物质的方法主要有钙醇盐水解、溶胶-凝胶燃烧合成、共沉淀法和混合法。相对其他方法,混合法因为操作简便而应用最多。混合法又可以分为 4 种:(1)干混合,即将所有干的前驱体进行简单混合;(2)悬浮液混合,即所有前驱体都是不可溶的粉末,在溶液中对它们进行混合,随后干燥得到干的产物;(3)溶胶混合,即至少有一种前驱体是可溶粉末,在溶液中加入不可溶粉末,随后干燥得到干产物;(4)湿混合,即所有前驱体都可溶,在溶液中对它们进行混合,随后干燥得到干的产物。

5.1.1 $Ca_{12}Al_{14}O_{33}$

目前,常用的含铝前驱体有 Al_2O_3(或介孔 Al_2O_3)、$Al(NO_3)_3$、$Al(NO_3)_3 \cdot 9H_2O$ 和水泥等物质,制备方法有溶胶-凝胶燃烧合成法、共沉淀法、混合法以及火焰喷涂法。Koirala 等人[243]以环氧酸钙和乙酰丙酸铝为原料,采用火焰喷涂法制备得到掺杂 $Ca_{12}Al_{14}O_{33}$ 型钙基吸附剂,这种吸附剂比表面积大,在多次碳酸化/煅烧循环后仍保持较高 CO_2 吸附容量和稳定性,当 Al/Ca(摩尔比)为 3:10 时,其 100 次循环后每克吸附剂吸附 CO_2 容量达到 0.40g。他指出这种性能提高的现象是因为均匀分散 $Ca_{12}Al_{14}O_{33}$ 作为一种硬骨架结构可以阻止 CaO 晶粒生长。XRD 结果表明,$Ca_{12}Al_{14}O_{33}$ 晶相含量随 Al 掺杂含量增加而增加。BET 结果表明,Al 掺杂含量增加,CaO 的比表面积逐渐增加。TEM 数据表明,Al 掺杂含量增加,可以阻止 CaO 颗粒的烧结，从而提高吸附剂稳定性。Broda 等人[48]通过混合间苯二酚溶液、甲醛溶液、$Ca(NO_3)_2$ 和 $Al(NO_3)_3$ 溶液（$n_{Ca}/n_{Al}=9:1$），经过成胶、热解（碳酸化）、高温煅烧移除碳模板，最终制得多孔纳米或微米结构钙基薄膜吸附剂。该吸附剂循环吸附性能很稳定，在 30 次碳酸化/煅烧循环过后，每克吸附剂吸附 CO_2 容量达到 0.55g，高于初始 0.52g。Li 等人[8]通过往纯 $CaCO_3$ 或 CaO 中加入 $Al(NO_3)_3 \cdot 9H_2O$（质量比 $CaO/Ca_{12}Al_{14}O_{33}=75\%:25\%$），制备出了高转化率和高循环 CO_2 吸附容量的钙基吸附剂，且在多次使用后仍然具有良好的再生能力，13 次循环后，每克吸附剂吸附 CO_2 容量为 0.45g。同时，他还对比了 3 种天然白云石吸附剂（主要成分为 CaO 和 MgO），发现白云石成分对 CO_2 循环稳定性能有较大影响；白云石中的惰性成分（MgO）可以提高钙基吸附剂的吸附容量和稳定性，部分白云石的吸附效果好于纯 $CaCO_3$。

Martavaltzi 等人[99]用参数研究法研究了 $CaO-Ca_{12}Al_{14}O_{33}$ 吸附剂的制备过程，考察了煅烧条件、搅拌时间、老化时间、合成步骤和 $CaO/Ca_{12}Al_{14}O_{33}$ 质量比等参数对 CO_2 吸附容量和稳定性的影响。吸附/脱附实验结果表明，制备过程中水的引入使团聚物破裂，形成正六边形晶体 $Ca(OH)_2$，随后在 900℃煅烧条件下转变为多孔框架结构，有利于 CO_2 的吸附；吸附剂捕获 CO_2 分子的数量随搅拌时间增加和老化时间减少而增加；当 $CaO/Ca_{12}Al_{14}O_{33}=85\%:15\%$ 时，吸附剂表现出较优的吸附容量，45 次吸附/脱附后，每克吸附剂吸附 CO_2 容量保持在 0.36g。此外，Martavaltzi 等人[244]分别以煅烧后的醋酸钙、氢氧化钙和硝酸铝溶液为前驱体，在 TGA 中进行 CO_2 吸附/脱附循环实验，发现醋酸钙作为钙前驱体，$CaO-Ca_{12}Al_{14}O_{33}$ 吸附剂拥有最高的初始 CO_2 吸附容量，而以氢氧化钙为钙源，$CaO-Ca_{12}Al_{14}O_{33}$ 吸附剂具有良好的循环吸附/脱附稳定性。Feng 等人[245]采用湿浸渍法，将 CaO 颗粒分散到惰性多孔骨架中，制备了抗烧结、具有稳定循环吸附性能的 $CaO/\gamma-Al_2O_3$ 吸附剂，其吸附转化率在 9 次循环后仍保持在 90% 以上。Luo 等人[246]分别采用湿物理混合法和溶胶-凝胶燃烧合成法（SG-GS）制备了掺杂 La_2O_3 和 $Ca_{12}Al_{14}O_{33}$ 基吸附剂，并在填充床反应器中模拟了 CO_2 吸附/脱附过程。结果表明，采用湿物理混合法，$CaO-Ca_{12}Al_{14}O_{33}$ 吸附剂的吸附效果优于 $CaO-La_2O_3$ 吸附剂；而采用 SG-GS 法，两种吸附剂的稳定性都有所提高，而 $CaO-La_2O_3$ 吸附剂具有更好的 CO_2 吸附性能，这可能是因为 La_2O_3 除了可以阻止 CaO 颗粒烧结，还能与 CO_2 发生反应，这使得 CO_2 分子在碳酸化反应过程中更容易穿过 $CaCO_3$ 产物层。$CaO-La_2O_3$ 吸附剂（SG-GS 法）在 11 次吸附/脱附循环后，吸附转化率达到 93%，每克吸附剂吸附 CO_2 容量为 0.58g。

5.1.2　MgO

MgO 是另外一种广泛使用的惰性掺杂剂，它的改性效果最早是由 Dobner 等人[57]于 1977 年煅烧天然白云石发现的，随后被其他研究者所证实。Albrecht 等人首次使用 MgO 作惰性支撑物质成功合成了钙基吸附剂，他指出与未掺杂吸附剂相比，掺杂约 20% 的 MgO 的吸附剂具有更稳定的长周期循环吸附性能，1250 次循环后，每克吸附剂吸附 CO_2 容量保持为 3.85mmol。

为了提高钙基吸附剂的循环稳定性，Li 等人[57]制备了掺杂 MgO 型吸附剂，同时还研究了溶液共混、共沉淀、干物理混合和湿物理混合法四种制备方法对吸附剂吸附性能的影响。结果表明，采用两种物理混合法制备得到的吸附剂具有较优的稳定性和吸附容量；同时，他还发现 MgO 前驱体对 TGA 实验结果也有影响，在制备过程中加入一定 MgC_2O_4 热解后得到 MgO（质量分数为 26%）掺杂吸附剂拥有最佳的吸附性能，在 50 次碳酸化/煅烧循环后，CaO 吸附转化率达到 53%；此外，他还在填充床中模拟燃料气体的吸附过程，发现掺杂 42% MgO 的吸附剂，其 CaO 吸附转化率在 45 次循环后达到 38%，远高于白云石的吸附效果。

此外，近年来对掺杂 MgO 型钙基吸附剂的研究多有报道，主要集中在改性天然石灰石、白云石、制备多孔纳米结构吸附剂等。

5.1.3 $CaZrO_3$

掺杂 Zr 元素是目前研究较多的另外一种改性方法，其中起惰性支撑作用的物质主要是 $CaZrO_3$。Lu 等人[247]通过火焰喷雾热解（FSP）技术，制备了一系列掺杂不同元素的钙基吸附剂，包括 Zr、Ce、Si、Cr、Ti 和 Co。他指出掺杂 Zr 元素的吸附剂表现出最佳的吸附性能，当 Zr 与 Ca 原子比为 3 时，该吸附剂具有较优的性质。Koirala 等人[248]同样采用 FSP 技术制备了掺 Zr 钙基吸附剂，当 Zr：Ca 为 5：10 时，吸附剂拥有最佳的吸附性能，且在 1200 次循环后仍能保持极好的稳定性，通过 XRD 表征发现，吸附剂性能的提升归因于 $CaZrO_3$ 相的存在。

Radfarnia 等人[249]报道了一种新型掺 Zr 钙基吸附剂的制备方法，即表面活性剂模板-超声辅助合成。他们研究发现 Zr/Ca 最佳摩尔比为 0.303 时，吸附剂表现出较高的 CO_2 吸附容量和较佳的循环稳定性。此外，他们还指出过量的表面活性剂不利于吸附剂结构的稳定，而适当提高吸附温度有助于改善吸附剂的循环吸附性能和稳定性。Radfarnia 等人[250]以酸化处理过的天然石灰石为 CaO 源，经过两步煅烧过程（氩气和空气气氛），制得掺杂不同金属氧化物（Al、Zr、Mg 和 Y）的钙基吸附剂。结果表明，在温和操作条件下，掺 Zr 和 Al 吸附剂最佳 M/Ca 摩尔比为 0.1，此时，吸附剂活性最高，而掺 Mg 吸附剂最佳 M/Ca 摩尔比为 0.4；在所有制得的钙基吸附剂当中，掺 Zr 吸附剂在极端操作条件下表现出最好的活性和稳定性。

除了上述制备方法，目前常见制备掺 Zr 吸附剂的制备方法有溶胶-凝胶燃烧合成法、湿化学法和共沉淀法。

5.1.4 其他掺杂物质

除了上述 3 种惰性支撑物质，被用作掺杂的材料还有 $CaTiO_3$[242,251]、SiO_2[252,253]、CoO[252]、Cr_2O_3[252]、Y_2O_3[250,254]、La_2O_3[246,255]、CeO_2[252,256]、Nd_2O_3[66]、SBA-15[257] 等。Wu 等人[251]以纳米 $CaCO_3$ 为钙源，以钛酸四丁酯为硅源制备得到掺杂纳米 TiO_2 薄膜的钙基吸附剂。当 TiO_2 掺杂量为 10% 时，该吸附剂显示出最佳的 CO_2 吸附性能，在 40 次吸附/脱附循环后每克吸附剂吸附 CO_2 容量稳定在 5.3mol。Wang 等人[256]采用溶胶–凝胶法制备了掺杂 CeO_2 型钙基吸附剂，当 Ce/Ca 摩尔比为 1∶15 时，该吸附剂拥有优异的吸附容量和显著的循环稳定性，18 次循环后每克吸附剂吸附 CO_2 容量达到 0.59g。Hu 等人[66]采用浸渍法往 CaO 中掺杂惰性 Nd_2O_3 支撑材料成功制备出了高 CO_2 吸附效率的钙基吸附剂，研究表明，采用乳酸钙作钙源，CaO/Nd_2O_3 质量比为 30∶70 时，该吸附剂具有最高的碳转化率及循环稳定性，在 100 次碳酸化/脱附循环后，吸附转化率保持在 92.5% 以上。

5.2 掺杂剂 Si₃N₄ 的制备

5.2.1 制备方案的选择

为了后期钙基吸附剂能更好地掺杂改性，需要制备筛选出性能优良的 Si_3N_4，主要是产物较纯，同时还能够废物利用，如使用木屑、蔗渣等固废物作为碳源。氮化硅（Si_3N_4）是一种良好的高温结构功能材料，它具有抗氧化、高温强度高和难烧结等特点。目前，合成 Si_3N_4 的方法主要有硅粉直接氧化法、二氧化硅碳热还原法、气相反应法和热分解法。这些方法由于产物不纯、成本高，因此很难进行大规模工业生产。传统的碳热还原法法虽然操作简单，但是因为碳粉和二氧化硅细粉很难混合均匀，所以反应过程中必然会有部分 SiO_2 未被还原，导致产物不纯。近年来，有研究者先使用溶胶–凝胶法制备出超细二氧化硅溶胶，再与碳源混合，经过碳热还原过程制备高纯超细氮化硅粉末。高纪明等人[258,259]使用硅溶胶为硅源，炭黑为碳源，并加入少量尿素，经过溶胶–凝胶碳热还原氮化法成功制备出了纳米级别的氮化硅粉末（50~80nm）。刘德启等人[260]以造纸黑液中木质素和硅酸钠为原料，经过溶胶–凝胶再碳热还原法成功合成了纳米氮化硅粉末。马啸尘等人[261]以木屑为碳源，以硅溶胶浸渍木屑的方法引入 SiO_2，利用碳热还原氮化反应合成了 Si_3N_4 粉体。Zhou 等人[262]采用溶胶–凝胶法制备得到介孔 SiO_2 球（SBA-15）为硅源，蔗糖为碳源，以 Y_2O_3 作添加剂，通过碳热还原氮化法在 1250℃ 合成了高纯氮氧化硅（Si_2N_2O）。Si_2N_2O 是合成 Si_3N_4 过程中的一种中间产物，形成原因可能是反应温度较低，发生了以下反应：

$$2SiO_2(s) + 3C(s) + N_2(g) \Longrightarrow Si_2N_2O(s) + 3CO(g) \qquad (5-1)$$

这表明以蔗糖为碳源，通过提高反应温度，同样有可能合成高纯 Si_3N_4。图 5-1 是采用文献［262］报道的方法制备氮化硅的 XRD 表征图，即先采用溶胶-凝胶法制备超细 SiO_2，再和碳源（蔗糖）混合，经过碳源还原两步法制备氮化硅。

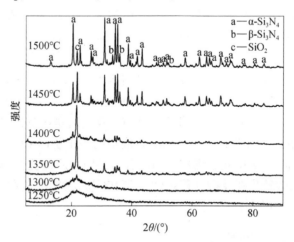

图 5-1 不同氮化温度下产物的 XRD 图谱

由图 5-1 可知，当氮化温度低于 1300℃时，产物衍射峰很乱，强度较弱，且主产物为 SiO_2，同时含有少量 Si_3N_4 和 Si_2N_2O（强度很弱，图中未标出）；当氮化温度在 1350~1400℃时，除主峰为 SiO_2 外，其他衍射峰均为 Si_3N_4，同时可以观察到 Si_3N_4 衍射峰强度比 SiO_2 明显要弱，这就说明在此温度区间内虽然生成了大量的 Si_3N_4，但仍然有大量 SiO_2 未被还原；继续将氮化温度提高到 1450℃以上，由图可知，产物中含有大量 Si_3N_4，只有极少量的 SiO_2 存在。结果表明，氮化温度越高，SiO_2 与 C 反应的越充分，得到的氮化硅产物也越纯，并且确定了最佳氮化温度为 1500℃，同时证实了文献［262］制备高纯氮化硅粉末的可行性。这种方法的优点是制备得到的氮化硅产物较纯，但是操作时间长，且需借助 Y_2O_3 作添加剂，一定程度上限制了它的应用。依据马啸尘等人制备氮化硅的经验，在溶胶-凝胶制备 SiO_2 溶胶的过程中引入碳源，经过混合、搅拌、陈化、干燥和煅烧等工序得到 C/SiO_2 前驱体，最后碳热还原氮化合成高纯氮化硅。

5.2.2 制备条件的确定

经过前期实验的初步探索，已初步确定最佳氮化硅合成的氮化温度为 1500℃，为了节约成本和减少操作时间，拟采用溶胶-凝胶碳热还原一步法制备氮化硅，分别考察碳硅比、氮气流量、氮化时间和碳源对实验结果的影响。具体考察因素见表 5-1。

表 5-1 单因素分析实验数据

因素	碳硅比	氮气流量/L·min⁻¹	氮化时间/h	碳源
	2.0	60	1	红木粉
水平	2.5	120	2	蔗渣
	3.0	180	3	蔗糖
	3.5	—	4	—

5.2.2.1 碳硅比

将碳源引入 SiO_2 溶胶后，经过碳热还原法制备 Si_3N_4，反应过程如下：

$$3SiO_2(s) + 6C(s) + 2N_2(g) \Longrightarrow Si_3N_4(s) + 6CO(g) \quad (5-2)$$

根据式 (5-2)，C 与 SiO_2 反应的理论摩尔比为 2∶1。但是为了使 SiO_2 反应充分，得到更纯的 Si_3N_4 产物，通常使 C 过量，所以选择合适的碳硅摩尔比十分关键。因此，本实验考察了不同碳硅比对 Si_3N_4 产物的影响，其他条件保持一致，即以红木粉为碳源，氮化温度 1500℃，氮化时间 2h，氮气流量 180L/min，实验结果如图 5-2 所示。

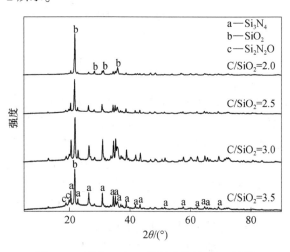

图 5-2 不同 C/SiO_2 得到产物的 XRD 图谱

由 XRD 表征结果可以看出，在理论碳硅反应摩尔比（$C/SiO_2 = 1$）条件下，产物全是 SiO_2，只有极少量的 Si_3N_4 被检测到。当 $C/SiO_2 = 2.5$ 时，发现 Si_3N_4 衍射峰强度开始增强，表明产物中 Si_3N_4 的含量有所提高。继续将碳硅比提高 3 以上，从图 5-2 中可以看到，Si_3N_4 衍射峰强度明显增强，但是两者产物中主晶相仍为 SiO_2，说明产物中仍残余部分 SiO_2 未被还原参与反应。此外，XRD 表征结果显示，各产物中有少量 Si_2N_2O 晶相存在，这可能是反应过程中发生其他副反应。

综上，碳硅比越高，越有利于 Si₃N₄ 的合成，故此后的实验均采用碳硅比为 3.5 的 C/SiO₂ 前驱体为原料。

5.2.2.2　氮气流量

以红木粉为碳源，碳硅比保持为 3.5，氮化温度 1500℃，氮化时间 2h，分别考察在 60L/min、120L/min 和 180L/min 氮气气氛下对氮化产物的影响，产物的 XRD 数据分析如图 5-3 所示。

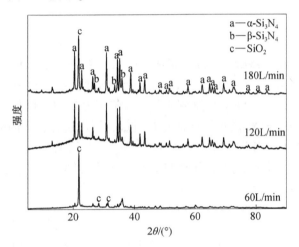

图 5-3　不同 N₂ 流量下产物的 XRD 图谱

由图 5-3 可知，N₂ 流量对产物的合成有较大的影响，N₂ 流量过高或过低都不利于 Si₃N₄ 的合成。一方面，通入的 N₂ 是反应气，参与制备 Si₃N₄ 过程；另一方面，N₂ 气流还起到将 Si₃N₄ 制备过程产生的气体（如 CO）排出管式炉外的作用。根据式（5-2），反应过程除了生成 Si₃N₄ 外，还伴随有 CO 的生成，为了使反应不断进行，必须保持 CO 分压低于平衡分压。因此，当 N₂ 流量较低（60L/min），反应过程生成的 N₂ 不能及时排除，使得局部 CO 分压容易达到平衡分压，从而不利于 Si₃N₄ 的生成。而 N₂ 流量如果过高（180L/min），会出现 N₂ 还没有充分与 C/SiO₂ 前驱体接触，就已经排出炉外的情况；同时，N₂ 流量过高还会造成气体中间产物（如 SiO）的流失，不利于氮化率的提高。从图 5-3 中还可以看到当 N₂ 流量为 120L/min 和 180L/min 条件下，有 β-Si₃N₄ 晶体的生成。因此，选择合适的 N₂ 流量对产物 Si₃N₄ 的合成十分重要，后期实验统一采用 120L/min 作为 N₂ 流量。

5.2.2.3　氮化时间

采用红木粉为碳源，碳硅比保持为 3.5，氮化温度 1500℃，N₂ 流量 120L/min，分别考察氮化时间为 1h、2h、3h 和 4h 对氮化产物的影响，如图 5-4 所示。由图可知，当氮化时间为 1h 时，产物的主晶相为 SiO_2，此外还有部分 Si_3N_4 和 Si_2N_2O（极少量）生成，继续将氮化时间增加到 2h，可以看到，产物中 SiO_2 开始减少，中间产物 Si_2N_2O 消失，此时含有较多的 Si_3N_4。当氮化时间增加到 3h，发现产物的成分与氮化 2h 几乎一致，即产物中仍残余较多的 SiO_2。当氮化时间提高到 4h，由图可知，此时 Si_3N_4 已成为主晶相，但是产物中仍残余部分 SiO_2 未参与反应。结果表明，延长氮化时间，更有利于 SiO_2 反应完全和 Si_3N_4 的合成。但是，据文献 [261] 报道，反应时间过长会抑制氮化产物的合成，导致反应朝逆向进行，生成 $\alpha\text{-}SiO_2$ 和 Si_2N_2O 等杂相。因此，必须选择合适的氮化时间，后期实验采用氮化时间为 4h。

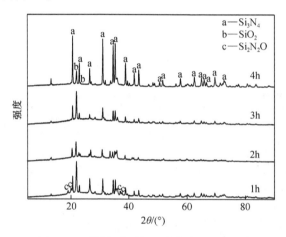

图 5-4　不同氮化时间下产物的 XRD 图谱

5.2.2.4　碳源

为了探讨不同碳源是否对氮化产物有影响，分别选取 3 种碳源，即以炭化后的红木粉和蔗渣为原料，蔗糖（有机碳源，颗粒小）作为对比碳源在真空管式炉中进行实验。其他条件保持一致：碳硅比保持为 3.5，氮化温度 1500℃，N_2 流量 120L/min，氮化时间 4h。3 种碳源合成得到氮化产物的 XRD 和 SEM 图谱如图 5-5 和图 5-6 所示。

从图 5-5 可以看到，以蔗糖为碳源，在相同的条件下，产物几乎全为 Si_3N_4，说明 SiO_2 全部参与反应，这可能是因为蔗糖为有机碳源，可溶于水，且颗粒细小，能与 SiO_2 溶胶达到分子级别的混合，有利于高纯 Si_3N_4 的合成；而以蔗渣碳源，虽然有较多的 Si_3N_4 的生成，产物的主晶相仍为 SiO_2；红木粉和蔗渣得到的结果类似，产物中残余较多的 SiO_2，同时还含有少量 $\beta\text{-}Si_3N_4$ 颗粒。因此，在相同反应条件下，以蔗糖为碳源制备的氮化产物最纯，几乎全是 Si_3N_4，红木粉次之，以蔗渣为碳源效果最差。

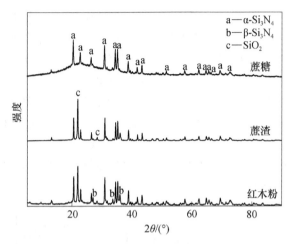

图 5-5　不同碳源得到产物的 XRD 图谱

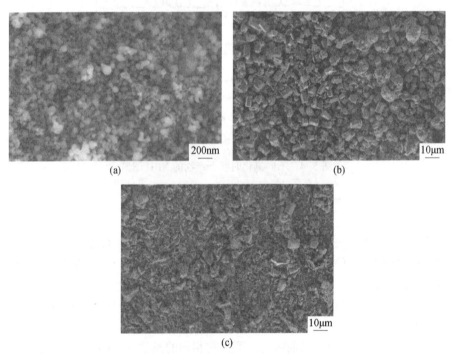

(a)　　　　　　　　　　　　(b)

(c)

图 5-6　三种碳源产物的 SEM 分析

(a) 蔗糖；(b) 蔗渣；(c) 红木粉

　　从图 5-6 中的 SEM 分析可以清楚地看到以蔗糖为碳源制备的 Si_3N_4 产物颗粒呈圆球状，且颗粒细小（纳米级别），这可能与溶胶-凝胶法和蔗糖可溶有关，制备得到 Si_3N_4 能够继承 SiO_2 圆球状的形貌；而以蔗渣为碳源，可以看到发育良好的六方等轴体晶粒且颗粒分散均匀，长度大约为 8μm，这可能是因为蔗渣本身为管束状结构，将 SiO_2 溶胶浸渗至蔗渣后经碳热还原氮化法制备 Si_3N_4，更有利于其发育成六方等轴状结构；以红木粉为碳源，产物中含有少量发育良好的六方等轴体晶粒，大部分是不规则形状，颗粒为微米级别，这可能跟炭化后的红木粉本身结构有关。根据文献 [263] 所述，不同形貌结构的木屑前驱体制备得到的 Si_3N_4 产物形貌结构不同，以桐木屑（层状结构，粉碎后有较多絮状物）为碳源，产物中含有少量的六方等轴体，且粒径不均匀。

综上，以蔗糖为碳源，采用溶胶-凝胶碳热还原一步法制备得到 Si_3N_4 纯度最高，颗粒最小（纳米级），而以蔗渣和红木粉为碳源，产物中含有较多的 SiO_2 未反应完全。蔗渣和红木粉得到的 Si_3N_4 产物都有六方等轴体晶粒存在，颗粒较大，都是微米级，而以蔗渣为碳源制备得到的产物则拥有较多发育良好的六方等轴体晶粒且分布均匀。

经过前期实验，发现除了少数几组实验合成了高纯 Si_3N_4（如以蔗糖为钙源），其他实验产物中仍残余相当量的 SiO_2 未被还原参与反应，这可能是因为实验氮化时间太短（2h），Si_3N_4 的合成反应未彻底完成。通过比较各因素对氮化产物的影响，发现氮化时间对 Si_3N_4 影响较大，因此，考察延长氮化时间至 6h 对产物的影响。其他实验条件如下：红木粉和蔗渣为碳源，碳硅比为 3.5，氮化温度 1500℃，氮气流量 120L/min。产物由 X 射线衍射仪表征，分析结果如图 5-7 所示。

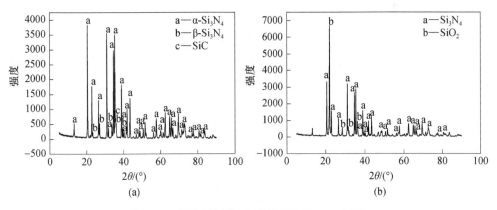

图 5-7 氮化时间为 6h 时的产物的 XRD 图谱
(a) 红木粉；(b) 蔗渣

由图 5-7 可知，通过延长氮化时间，对红木粉来说，确实可以提高 Si_3N_4 的纯度，产物中除了极少量的 SiC 外，其余的几乎都是 α-Si_3N_4 和 β-Si_3N_4；但是，蔗渣得到的氮化产物中仍然含有较多 SiO_2 参与，说明以蔗渣为碳源制备 Si_3N_4 条件更为苛刻，其合成条件有待进一步的优化。

5.2.3 Si_3N_4 的合成机理

采用溶胶-凝胶碳热还原法制备 Si_3N_4 粉末时，因为反应系统中涉及的化学反应众多，因此产物中会有一定量其他物质生成，包括 Si_2N_2O 和 SiC 等。同时，Si_3N_4 拥有两种晶型，α-Si_3N_4（针状或长条状）和 β-Si_3N_4（颗粒状），它们在一定条件下可以发生转化：α-Si_3N_4 在低温下较为稳定，但是随着温度升高，它会逐渐转化为 β-Si_3N_4。当有大量碳核存在时，主要生成 α-Si_3N_4；而在缺少碳的情况下，产物主要为 β-Si_3N_4[264]。

5.2.3.1 Si_3N_4 合成分析

一般情况下，认为碳热还原制备 Si_3N_4 的反应有两个，如下：

$$3SiO_2(s) + 6C(s) + 2N_2(g) \Longrightarrow Si_3N_4(s) + 6CO(g) \qquad (5-3)$$

为了判断 Si_3N_4 在本实验条件下以何种形式发生反应，引入吉布斯自由能，当 $\Delta G_T^{\ominus} < 0$，表示在等温等压条件下化学反应能够自发进行。其计算方法如下：

$$\Delta G_T^{\ominus} = \Delta H^{\ominus} - T\Delta S^{\ominus} \qquad (5-4)$$

式中，$\Delta G_T^{\ominus}$ 为反应过程中的吉布斯自由能变（自由焓变），kJ；$\Delta H^{\ominus}$ 为反应的焓变，kJ/mol；T 为温度，K；$\Delta S^{\ominus}$ 为反应的熵变，kJ/K。

经过查阅相关文献[265~268]，计算出 Si_3N_4 合成反应 $\Delta G_T^{\ominus}$ 与 T 的函数关系：

$$\Delta G_1^{\ominus} = 1317.04 - 0.7595T \qquad (5-5)$$

$$\Delta G_2^{\ominus} = 797.68 - 0.22351T \qquad (5-6)$$

根据上式，可以绘制出 $\Delta G_T^{\ominus}$ 随 T 的变化曲线，如图 5-8 中直线 2 和直线 1 所示。

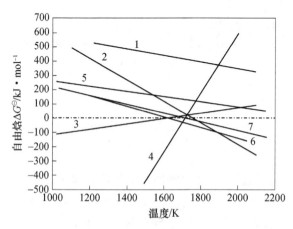

图 5-8 自由能 $\Delta G^{\ominus}$ 随温度的变化曲线

本实验采用碳热还原合成 Si_3N_4，氮化温度不超过 1500℃（1773.15K），从图中可以看到，在此温度范围内，$\Delta G_1^{\ominus}$ 始终大于零，这表明式（5-3）实际上不可能发生。通过观察式（5-3）对应的 $\Delta G_T^{\ominus}$ 随温度的变化曲线 2 发现 $\Delta G_1^{\ominus}$ 先大于零后小于零，约在 1461℃（1734K）等于零，结果表明，在理论条件下，氮化温度必须高于 1461℃，反应才有可能进行。

另外，根据文献 [269] 所述，反应（5-3）实际上是经过两步反应完成的

首先，中间产物 SiO 气体的合成反应，有以下两种反应过程：

$$SiO_2(s) + C(s) == SiO(g) + 2CO(g) \qquad (5-7)$$
$$SiO_2(s) + CO(g) == SiO(g) + 2CO_2(g) \qquad (5-8)$$

其次，发生气-固相反应生成 Si_3N_4：

$$3SiO(g) + 3C(s) + 2N_2(g) == Si_3N_4(s) + 3CO(g) \qquad (5-9)$$

其中，SiO_2 与 C 之间的固-固相反应式（5-7）速率快于气-固相反应（式(5-9)），因此，Si_3N_4 的生成速率实际由 SiO_2 还原生成 SiO 反应所控制[270]。另外，胡易成等人[271]指出反应（5-8）实际上生成 SiO 的主要步骤，会影响整个反应过程的反应速率，这是因为固-固相反应（5-7）受限于 C 与 SiO_2 的接触。Ortega 等人[272]通过研究碳热还原制备 Si_3N_4 过程中的动力学和扩散机理，指出随着反应的进行，Si_3N_4 会在 C/SiO_2 表面形成一层薄膜层，这主要是因为晶须作用，此时，SiO、CO、N_2 气体穿过薄膜层的扩散速率会成为影响反应速率的主要因素。

5.2.3.2　Si_2N_2O 合成分析

Si_2N_2O 是制备 Si_3N_4 过程中常见的中间产物，在低温条件（1350℃左右）下尤其明显，其合成的反应：

$$2SiO(g) + 2C(s) + N_2(g) == Si_2N_2(s) + 2CO(g) \qquad (5-10)$$
$$Si_2N_2(s) + CO_2(g) == Si_2N_2O + CO(g) \qquad (5-11)$$

分别计算出上述两式 $\Delta G_T^{\ominus}$ 与温度的函数关系，如下：

$$\Delta G_3^{\ominus} = -305.32 + 0.1894T \qquad (5-12)$$
$$\Delta G_4^{\ominus} = -3550.12 + 2.06941T \qquad (5-13)$$

根据式（5-1）和式（5-11），从理论上计算出，当氮化温度分别低于 1339℃（1612K）和 1442℃（1715K）时，$\Delta G_T^{\ominus} < 0$，能够生成 Si_2N_2O，这与文献 [273，274] 报道 Si_2N_2O 最佳合成温度约为 1350℃吻合。另外，陈宏等人[267]指出 Si_2N_2O 的形成受反应条件变化而不同，如氮化温度、反应气氛中 CO 的分压和 N_2 分压等。图 5-8 中直线 3 和直线 4 也证实了这一结论，只有氮化温度低于某一数值，Si_2N_2O 的生成反应才能发生。

除了上述两式，还存在多种可能生成 Si_2N_2O 的反应：

$$4Si_3N_4(s) + 3O_2(g) = 6Si_2N_2O(g) + 2N_2(g) \tag{5-14}$$

$$4SiO_2(s) + 2N_2(g) = 2Si_2N_2O(s) + 3O_2(g) \tag{5-15}$$

$$Si_3N_4(s) + SiO_2(s) = 2Si_2N_2O(s) \tag{5-16}$$

5.2.3.3 SiC 合成分析

目前，一般认为氮化副产物 SiC 的生成反应有 3 个：

$$SiO_2(s) + 2C(s) = SiC(s) + CO_2(g) \tag{5-17}$$

$$SiO_2(s) + 3C(s) = SiC(s) + 2CO(g) \tag{5-18}$$

$$Si_3N_4(s) + 3C(s) = 3SiC(s) + 2N_2(g) \tag{5-19}$$

根据热力学数据，分别计算出上式反应 $\Delta G_T^\ominus$ 随温度的变化关系，如下：

$$\Delta G_5^\ominus = 441.62 - 0.18113T \tag{5-20}$$

$$\Delta G_6^\ominus = 614.04 - 0.37618T \tag{5-21}$$

$$\Delta G_7^\ominus = 527.09 - 0.30267T \tag{5-22}$$

并以此作出 $\Delta G_T^\ominus$ 随 T 的变化曲线，分别对应图 5-8 中 5、6、7 直线。由图可知，在该实验氮化温度条件下，式（5-17）对应的 $\Delta G_T^\ominus$ 始终大于零，说明该反应不可能发生。而式（5-18）和式（5-19）在一定温度范围内都有可能发生。

式（5-18）实际上是 SiO_2 经碳热还原（无 N_2 氛围下）生成 SiC 的反应，其反应机理可分为两步：

第一步 $$SiO_2(s) + C(s) = SiO(g) + CO(g) \tag{5-23}$$

第二步 $$SiO(s) + 2C(s) = SiC(g) + CO(g) \tag{5-24}$$

根据文献 [266] 所述，要得到 SiC，还必须使 SiO 气体分压大于某一数值（约 101.325~1013.25Pa（0.001~0.01atm））。另外，由于本实验反应过程始终通入 N_2，且 N_2 流量较大（>60L/min），因此，在一定程度上抑制 SiC 的合成，这与实验结果吻合，产物中只有少量 SiC 残余。同时，在 1500℃ 左右氮化温度下，反应（5-19）反应速率常数较小，不利于 SiC 的生成，但是随着温度的上升，反应速率常数开始急剧增大，因此温度越高越有利于生成 SiC。

5.3 CaO/Si₃N₄ 钙基吸附剂的 CO₂ 循环吸附性能考察

5.3.1 CO₂ 循环吸附条件的确定

实验采用煅烧后的 $CaCO_3$ 作为钙源，以确定 CO_2 循环吸附条件。具体测试条件如下：取一定量 $CaCO_3$ 置于马弗炉中，900℃ 煅烧 1.5h 后得到 CaO，随后将煅烧后的产物放入 Al_2O_3 坩埚中进行热重实验，维持反应气氛为 CO_2 和 N_2 流量都是 50L/min，从室温将样品加热到 1100℃，升温速率恒定为 10℃/min。如图 5-9 所示，$CaCO_3$ 样品质量随温度的变化曲线。

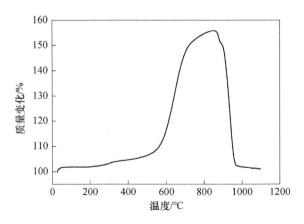

图 5-9 CaCO₃ 质量随温度的变化曲线

由图 5-9 可知，CaO 样品（CaCO₃）在室温至 500℃温度范围内，质量变化很小，没有明显增重。当温度升高到 550℃左右，可以看到样品的质量有一个突然上升的趋势，到 750℃后，曲线开始趋于平缓，说明在这个温度区间，CO₂吸附速率最快。继续升高温度，发现在 850℃左右样品质量开始下降，最终在 950℃样品脱附完全，之后曲线趋于稳定。

综上所述，在 50% CO₂ 的气氛条件下，样品在 550~750℃增重最明显，即吸附 CO₂ 效果最佳，在 850℃左右开始脱附。鉴于实验条件有限，同时为了节省操作时间和成本，后期所有的吸附/脱附实验都是在恒温条件下进行的，保持温度为 750℃。经过后期实验以及参阅文献 [275]，证实在 750℃进行恒温循环吸脱附的实验方案可行。

根据前期 Si₃N₄ 掺杂剂的制备情况，选取其中一种碳源（蔗糖）作为掺杂剂制备 CaO/Si₃N₄ 钙基吸附剂，这是因为该碳源制备得到 Si₃N₄ 纯度高、颗粒细，更有利于掺杂改性实验进行。具体操作如下：取一定量 Si₃N₄ 和 CaCO₃ 进行湿混合，随后经过超声分散、搅拌、干燥和煅烧等过程，制备得到掺杂 Si₃N₄ 型钙基吸附剂，最后在 TGA 中测试其循环吸附性能。此外，还考察了不同 Si₃N₄ 掺杂量对实验结果的影响。本文将掺杂量定义为 Si₃N₄ 质量比 Si₃N₄ 质量与有效 CaO 的质量之和，所取比例范围为 0~20%，这个范围被其他研究者所证实能够确定最佳掺杂量。表 5-2 为原料配比，实验结果如图 5-10 所示。

表 5-2 原料配比

掺杂比例（质量分数）/%	0	5	10	15	20
Si₃N₄/g	0	0.0500	0.0500	0.0500	0.0500
CaO/g	0.5600	0.9500	0.4500	0.2833	0.2000
CaCO₃/g	1.0000	1.6964	0.8036	0.5000	0.3571

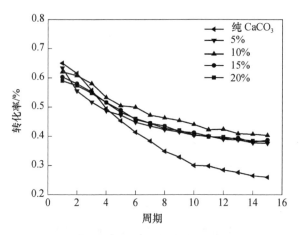

图 5-10　不同掺杂量对 $Si_3N_4/CaCO_3$ 吸附剂的碳酸化转化率的影响

由图 5-10 可知，未进行掺杂处理的 $CaCO_3$ 样品在经过多次碳酸化/煅烧循环后转化率开始出现明显的下降，这可能是因为吸附剂颗粒发生烧结，导致比表面积和孔容减小，不利于 CO_2 的扩散与捕集。相比未掺杂吸附剂，掺杂一定比例的 Si_3N_4 确实可以提高钙基吸附剂的循环稳定性。当 Si_3N_4 掺杂量为 5% 时，尽管初始吸附转化率低于纯 $CaCO_3$ 吸附剂，但是在 15 次碳酸化/脱附循环后，仍然保持较好的吸附转化率，为 37.61%。当 Si_3N_4 掺杂量为 10% 时，此时，吸附剂具有较佳的 CaO 吸附 CO_2 转化率和循环稳定性，其 15 次循环后达到 40.34%。继续提高 Si_3N_4 掺杂量至 15% 和 20%，发现吸附性能相对掺杂 5% 的吸附剂没有明显提高，15 次循环后转化率分别为 38.66% 和 38.15%。结果表明，未掺杂 Si_3N_4 吸附剂 15 次循环后，吸附转化率下降了约 39%，而吸附性能最好的 10%Si_3N_4/CaO 吸附剂转化率只下降了 21.67%，表明 Si_3N_4 可以起到稳定循环吸附性能的作用，这可能跟 Si_3N_4 本身的性质有关。Si_3N_4 化学性质稳定，具有抗氧化、高温强度高等特性，而且根据文献可以计算出它的塔曼温度（约为 0.52 倍其熔点）为 988℃，高于 $CaCO_3$ 烧结温度（527℃），通过掺杂混合方法，使 Si_3N_4 均匀地分散到 CaO 颗粒里面，可以很好地减缓吸附剂在多次循环后发生团聚烧结现象，从而提高吸附剂的循环再生能力和稳定性。

图 5-11 所示为 10%Si_3N_4/CaO 吸附剂的 XRD 图谱，从图中可以看到吸附剂除了含有 CaO 和 Si_3N_4 外，还有少量的 Ca_2SiO_4，这可能是因为前期 Si_3N_4 的制备过程中 SiO_2 与 CaO 反应所得。关于 Ca_2SiO_4 对钙基吸附剂循环性能的影响目前还存在争议，而它在吸附剂中的含量非常少，因此认为它的影响可以忽略，吸附性能的改善主要归因于掺杂支撑材料 Si_3N_4 的作用。

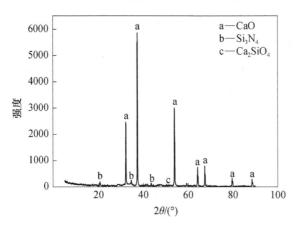

图 5-11 10%Si$_3$N$_4$/CaO 吸附剂的 XRD 图

5.3.2 钙源对 CO$_2$ 循环性能的影响

经过上述分析，通过往 CaCO$_3$ 中掺杂 10%Si$_3$N$_4$ 确实可以改善钙基吸附剂的循环吸附性能。在这一小节，为了探讨前驱体对 CO$_2$ 循环吸附性能的影响，分别以醋酸钙（以下简写 CA）、氢氧化钙（以下简称 CH）和葡萄糖酸钙（以下简称 CG）为钙源，掺杂相同比例的 10%Si$_3$N$_4$，经过混合、超声处理、干燥和煅烧等过程，在 TGA 中测试它们的循环吸附性能。此外，CaCO$_3$（以下简称 CC）作为对比钙源，也进行了循环吸附/脱附实验。不同钙源制备的吸附剂得到循环吸附转化率随周期的变化如图 5-12 所示。

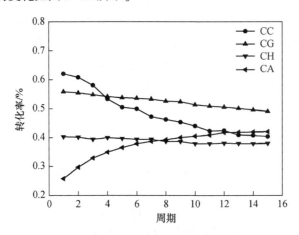

图 5-12 钙前驱体对碳酸化转化率的影响

从图 5-12 中可以看出，不同钙源对实验结果影响较大。以 CG 为钙源，吸附剂具有最优的循环吸附性能，且稳定性非常好，尽管初始碳酸化转化率只有

55.81%，低于以 $CaCO_3$ 吸附剂的 62.01%，但是它在 15 次循环后转化率达到 49.05%，只下降了约 6.8%，具有非常好的循环再生能力和长周期稳定性。以 CA 为 CaO 源，吸附剂虽然循环稳定性也较好，但是它的碳酸化转化率始终处于相对较低的水平，基本稳定在 40%。而 CA 为钙源，尽管初始吸附转化率低于其他吸附剂，只有 25.79%，但是随着循环的进行，转化率开始逐渐上升，在 15 次碳酸化/煅烧循环后达到 42%，高于 CC 和 CH 吸附剂。

对比不同钙源，发现吸附剂的吸附性能差别较大，最终碳酸化转化率的顺序为 CG>CA>CC>CH，可能跟 $CaCO_3$ 的成核速率不同有关[276]。这与文献 [277] 报道的有所出入，Zhou 等人研究不同 CaO 前驱体为钙源，掺杂 $Ca_9Al_6O_{18}$ 制备钙基吸附剂，并考察这些吸附剂的循环 CO_2 吸附性能，发现吸附剂的碳酸化转化率以及循环稳定性顺序如下：CA>CC>CG>CaO。Martavalzi 等人[278]分别以 CH 和 CA 为钙前驱体制备了钙基吸附剂，发现往钙源中掺杂一定量的 $Ca_{12}Al_{14}O_{33}$ 可以有效提高吸附剂的循环稳定性，同时他还指出吸附剂中孔的几何形状是导致两种钙源最终吸附转化率出现差别的主要因素，相比 CA，CH 样品的孔更加弯曲，使得 CO_2 分子很难穿过不断累积生成的 $CaCO_3$ 层与 CaO 内核发生反应。从图中还发现，在所有吸附样品中，CG 样品的循环吸附性能最好，这可能和它们循环前后的微观形貌结构有关，其中 CG 样品的比表面积最大，为 $16.96 m^2/g$[276]。

此外，通过对比相关文献会发现，所有吸附剂样品的碳酸化转化率处于一个相对较低的水平，如 CG 样品，其最终吸附转化率为 49.05%，低于其他文献所述的 50%[279]和 65%[280]，这可能是因为本书所采用的碳酸化气氛为 50% CO_2，低于其他文献所使用的 100% CO_2。Liu 等人[276]通过研究证实了这一结论，他们以 CG 样品作为吸附剂，发现当 CO_2 浓度由 1% 增加到 5% 时，吸附剂初始和第 9 次碳酸化/煅烧循环后的转化率分别提高了 19% 和 14%。同时，他们还发现碳酸化温度也会一定程度影响吸附剂的循环吸附性能，碳酸化温度由 550℃ 增加到 650℃，CG 吸附剂 30min 的吸附转化率增加了一倍，继续提高碳酸化温度，转化率没有明显提高。

5.3.3 掺杂量对 CO_2 循环性能的影响

在所有钙前驱体中，葡萄糖酸钙具有较优的吸附转化率和循环稳定性。因此，以 CG 作为钙源，研究不同 Si_3N_4 掺杂量（5%~20%）对钙基吸附剂循环吸附性能的影响，如图 5-13 所示。从图 5-13 中可以看出，Si_3N_4 掺杂量存在一个最佳值，掺杂量过高和过低都不利于 CO_2 的吸附[281]。当 Si_3N_4 掺杂量过低时（如 5% 和 10%），吸附剂的转化率分别下降 7.41% 和 6.76%，最终碳酸化转化率为 48.61% 和 49.05%，这是因为掺杂量过低，起到惰性支撑作用的 Si_3N_4 含量减少，不利于抑制吸附剂的烧结现象，从而破坏吸附剂的循环稳定性。当 Si_3N_4 掺杂量过高时（20%），发现吸附剂的转化率下降明显，由初始的 55.42% 下降到 15 次循环的 43.91%，这可能是因为 Si$_3$N$_4$ 掺杂量过高导致活性有效成分 CaO 的含量减少，进而影响其吸附转化率。只有掺杂适量的 Si$_3$N$_4$，吸附剂才具有相对稳定的循环吸附性能，当掺杂量为 15% 时，吸附剂的转化率在前面几次循环逐渐上升，而后逐渐下降，最终趋于稳定，前后吸附转化率仅下降 1.41%，15 次碳酸化/煅烧循环碳酸化转化率保持在 54.45%，具有非常好的循环稳定性。

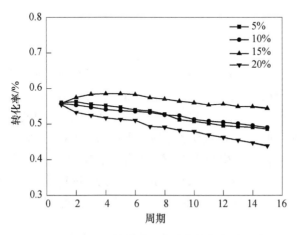

图 5-13　Si$_3$N$_4$ 掺杂量对碳酸化转化率的影响

6 掺杂型 CO_2 吸附剂

6.1 概述

中国是人口大国，每年都产生数亿吨的固体废弃物，固体废弃物包括固体、半固体废弃物。环保部在 2020 年 12 月发布的《2020 年全国大、中城市固体废物污染环境防治年报》[282] 指出：2019 年，全国 196 个大、中城市一般工业固体废物产生量为 13.8 亿吨，工业危险废弃物产生量为 4498.9 万吨，医疗废物产生量为 84.3 万吨，生活垃圾产生量为 23560.2 万吨。2017 年我国环境保护部门的俞海等人[283] 对我国工业污染物排放进行预测，见表 6-1，从表 6-1 的预测结果可以看出，到 2030 年，工业固体废物产生量则为 52 亿吨，比 2013 年增加 59%。

表 6-1 工业污染物排放的预测

年份	GDP/亿元	工业增加值占GDP 的比重/%	工业废水排放/万吨	工业废气排放/亿立方米	工业固体废物产生/万吨
2013	588019	37	2098398	669361	327702
2020	955159	32	2101615	878921	406923
2025	1308650	29	2038391	1034431	460191
2030	1792965	26	1977069	1217455	520431

固体废弃物对人类生态环境的破坏与废气、废水不同，它对环境的影响更具广泛性。固体废弃物不仅会造成大气污染、水体污染和土壤污染，比如露天堆放的电石渣经过雨水淋湿会产生一些酸、碱、盐等有害成分，在大风天气下会产生扬尘，进而造成大气污染；而且固体废弃物对城市环境及市容市貌也会造成一定的影响。目前处理方式主要是集中填埋，但不能从根本上解决问题，甚至还会导致地下深度污染。2017 年清远市固体废弃物处理中心的叶峰[284] 提出，目前固体废弃物的处理的方式主要包括焚烧与热解、堆肥技术、微生物处理技术、粉碎和分选技术和资源化利用；这里提到的资源化利用是因为固体废弃物内部常包含了丰富的可以二次回收的成分，比如含有大量的 $CaCO_3$，因此必须要实施资源化利用，这样一来不仅可以减少固体废弃物对人类生态环境的危害，而且能够让其进行转化，成为实际的经济效益。研究者们看到了大量固体废弃物中含有 $CaCO_3$，

以此为钙源前驱体制备掺杂型 CO_2 钙基吸附剂。根据国内外文献报道可知，常用的钙源前驱体废弃物中，主要包括石灰石、大理石粉末、鸡蛋壳、贝壳、造纸白泥、磷石膏和电石渣等。

研究者们以废弃物作为钙源前驱体，掺杂其他物质制备掺杂型 CO_2 钙基吸附剂，然后考察其吸附性能。胡易成等人[275]以鸡蛋壳为钙源前驱体，以赤泥和铝土矿尾矿作为掺杂剂，结果发现：赤泥和铝土矿尾矿的掺杂量均为 10% 时，20次循环吸附后转化率仍能保持 54.22% 和 51.33%，因为铝土矿及铝土矿制铝后所产生的赤泥其主要成分为 Al_2O_3，与钙基吸附剂掺杂后，一方面可以起到支撑、扩大比表面积的作用；另一方面，经高温煅烧后，Al_2O_3 和 CaO 发生化学结合，生成的钙铝石（$Ca_{12}Al_{14}O_{33}$）可以提高循环吸附性能，但是循环 20 次后，比表面积下降、发生烧结、吸附率降低。Shan 等人[55]以鸡蛋壳作为钙源前驱体，以铝土矿尾矿为掺杂剂，经过固相反应制备掺杂 Al 元素的钙基吸附剂，发现掺杂 10% 铝土矿尾矿在循环 40 次后转化率仍达到 55%，该循环中生成的 $Ca_{12}Al_{14}O_{33}$ 起到关键作用。马艾华等人[104]首先用蔗糖法改性造纸白泥，通过 XRD 分析，蔗糖法可以使得有效钙含量升高，通过扫描电镜和比表面积分析，经蔗糖法改性后掺杂比直接掺杂制备的吸附剂比表面积提高了 3 倍，另外，改性后掺杂铝土矿尾矿，制备出的掺杂型吸附剂相比白泥原样，转化率增加很多，其循环稳定性也大大提高，30 个循环后转化率仅降低 14.3%。兰培强等人[285]研究磷石膏作为钙源掺杂后的吸附性能，利用液相提取的方法制备纳米 $CaCO_3$，后期还进行动力学研究，结果表明：在循环 50 次时，循环吸附容量保持 0.2g/g。牛佳宁等人[286]在电石制乙炔流程中掺杂铝盐制备吸附剂，经过 SEM 表征发现：掺杂 15% 的铝盐制备的吸附剂表面形貌良好，具有明显的支撑骨架结构，能够有效减缓循环吸附导致的烧结现象，与商用的 $CaCO_3$ 进行对比，电石渣在该过程中制备的吸附剂，循环 5 次后吸附剂转化率明显提高，循环 20 次后，吸附剂的循环转化率仍在 48% 以上。

此外，国内外研究者们以固体废弃物为钙源，还研究了凹凸棒石掺杂[287]、粉煤灰掺杂[288]、高铝酸盐掺杂[113]、水泥掺杂[117]、高岭土掺杂[289]、硅藻土掺杂[70]、稻壳掺杂[70]等。针对他们采用不同的钙源、不同掺杂剂、不同反应器、不同循环条件、不同循环次数、循环转化率进行总结比较，见表 6-2。

表 6-2 不同掺杂方法的总结比较

方法	前驱体	反应器	碳化条件	煅烧条件	循环次数	最后吸附性能（转化率）/%
干法混合	石灰石凹凸棒石[54]	热重分析仪	700℃、15% CO_2、25min	950℃、100% CO_2、10min	20	60

方法	前驱体	反应器	碳化条件	煅烧条件	循环次数	最后吸附性能（转化率）/%
简单掺杂	石灰石粉煤灰[55]	碳化/煅烧反应器	650℃、15%CO_2、20min	950℃、100% N_2、10min	20	39
简单掺杂	电石渣高铝酸盐[56]	热重分析仪	700℃、15%CO_2、20min	920℃、70% CO_2、10min	30	34
物理混合	$Ca(OH)_2$水泥[57]	热重分析仪	650℃、15%CO_2、30min	900℃、100% N_2、10min	18	45
简单掺杂	石灰石高岭土[58]	热重分析仪	650℃、15%CO_2、20min	950℃、100% N_2、10min	30	21.7
湿法混合	CaO硅藻土[59]	双流化床反应器	600~750℃、15%CO_2、15min	850~980℃、100% N_2、20min	20	29
湿法混合	CaO稻壳[59]	双流化床反应器	600~750℃、15%CO_2、15min	850~980℃、100% N_2、20min	20	46

6.2 Li_4SiO_4 掺杂钙基吸附剂循环吸附性能研究

6.2.1 CaO 作为钙源的循环吸附性能研究

6.2.1.1 CO_2 循环吸附条件的确定

CO_2 循环吸附条件包括吸附温度和时间。本节研究商用 CaO 作为钙源，以确定 CO_2 循环吸附条件，何善传[290] 研究发现 CaO 吸附 CO_2 较佳循环吸附温度为 750℃，采用恒温进行吸附，则脱附温度也是 750℃；另外胡易成[275] 也提出恒温吸附/脱附温度为 750℃可行。由研究结果可知，吸附时间为 10min，脱附时间为 10min。因此，本节研究以 CaO 作为钙源的吸附/脱附温度为 750℃，吸附/脱附时间为 10min。

6.2.1.2 掺杂剂 Li_4SiO_4 的制备

掺杂剂 Li_4SiO_4 是在作者课题组研究的基础上采用高温固相法完成制备。首先按照 $n_{Li}:n_{Si}$ 为 5.2:1 称取 Li_2CO_3 和硅藻土，放入研钵中，加入适量的蒸馏水研磨使其混合均匀，然后于烘箱中 70℃ 干燥，干燥后放入舟形坩埚中，置于马弗炉中 650℃焙烧 6h，焙烧后的样品进行研磨，即得到 Li_4SiO_4 粉末。为了验证 Li_4SiO_4 是否制备成功，将制备的样品进行 XRD 分析，如图 6-1 所示。

由图 6-1 可知，制备的样品中除了 Li_4SiO_4，还含有未发生反应的 Li_2CO_3。

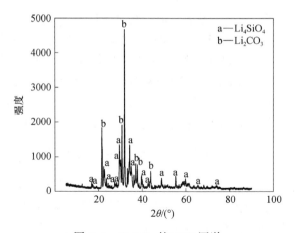

图 6-1 Li$_4$SiO$_4$ 的 XRD 图谱

6.2.1.3 不同 Li$_4$SiO$_4$ 掺杂量对 CO$_2$ 循环吸附性能的影响

为了提高 CaO 的循环吸附性能, 将 CaO 混合不同量自制 Li$_4$SiO$_4$, 混合量的范围在 0~20% (该质量分数是指 Li$_4$SiO$_4$ 的质量比 Li$_4$SiO$_4$ 的质量与 CaO 的质量和), 混合后用研钵研磨, 然后置于马弗炉中 800℃ 煅烧 4h, 煅烧后直接放入 TGA 中进行循环吸附实验, 为了避免空气中存在的 CO$_2$ 和水分对吸附剂造成影响。不同掺杂量对循环吸附性能的影响如图 6-2 所示。

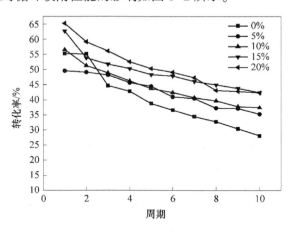

图 6-2 掺杂量对 CaO 循环吸附性能的影响

由图可以看出, Li$_4$SiO$_4$ 掺杂后显著提高了 CaO 的循环吸附性能, 掺杂量过高时, 导致样品中活性 CaO 含量减少, 进而吸附性能下降。根据图 6-2 中数据得出: 未掺杂时, CaO 样品的循环转化率由第 1 次的 55.16% 到第 10 次循环的 28.09%, 转化率下降了 27.07%。刚开始循环时, Li$_4$SiO$_4$ 掺杂的吸附剂和未掺杂的吸附剂呈现一个相似的下降趋势，但是经过循环 10 次后，转化率提高了 14%。针对掺杂型的吸附剂，掺杂 15% Li_4SiO_4 制备的吸附剂其转化率最优（CaO-LS-15-4-800），从第一次的 62.70% 降为第 10 次循环的 42.36%；虽然从图中看到掺杂 20% Li_4SiO_4 的吸附剂在第 7 次循环之前，相对掺杂 15% Li_4SiO_4 的吸附剂其转化率较高，但是在第 7 次循环后，掺杂 15% Li_4SiO_4 的吸附剂转化率较高，为了从长周期循环和节约成本因素考虑，选择最优的掺杂量为 15%。

6.2.1.4　预煅烧时间和温度对 Li_4SiO_4 掺杂的 CO_2 循环吸附性能的影响

根据文献报道 [152，153] 可知，提高钙基吸附剂的预煅烧时间和温度有利于吸附剂的循环吸附性能，因为预煅烧可以增大钙基吸附剂的比表面积和孔隙率，另外，孔隙结构的稳定性也得到提高。选取最佳掺杂量 15% 进行预煅烧时间的考察，将掺杂 15% Li_4SiO_4 制备的吸附剂在 800℃ 分别煅烧 3h、4h、5h 和 6h，然后测试其循环吸附性能如图 6-3 所示。

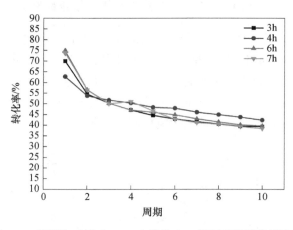

图 6-3　预煅烧时间对 Li_4SiO_4 掺杂 CaO 循环吸附性能的影响

由图 6-3 可知，预煅烧时间对 Li_4SiO_4 掺杂制备的吸附剂影响不大，当预煅烧时间为 4h 时，其循环吸附转化率较优。预煅烧时间过长时，会使吸附剂中形成的稳定孔隙结构发生坍塌，进而使循环吸附性能下降。

由上可知，预煅烧时间对 Li_4SiO_4 掺杂制备的吸附剂影响不大，除了预煅烧时间因素外，预煅烧温度也是一个重要的考察因素。如图 6-4 所示，不同的预煅烧温度，循环转化率相差较大。当预煅烧温度为 800℃ 时，吸附剂的循环转化率明显高于 780℃ 和 850℃，当温度为 780℃ 时，吸附剂未形成稳定的孔隙结构，使吸附性能不能明显提高，而煅烧温度为 850℃ 时，吸附剂经过高温煅烧促使烧结现象加速的发生，导致吸附转化率下降。Borgwardt 等人[234]指出，煅烧温度 900℃ 的烧结速率比 800℃ 高出一个数量级。

掺杂剂 Li_4SiO_4 本身是一种 CO_2 吸附剂，但是其吸附剂温度较低。李芹超[291]研究发现，从 500℃ 开始，Li_4SiO_4 开始吸附 CO_2，且吸附量随温度升高而增大，到 620.8℃ 时吸附容量达到最大，温度高于 620℃ 时，不发生吸附作用。CaO 吸附温度为 750℃，另外还发现，712.3℃ Li_2CO_3 发生熔融，则经过高温煅烧，Li_4SiO_4 掺杂提高了吸附剂的结构稳定性。

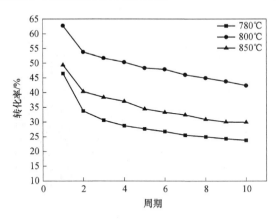

图 6-4　预煅烧时间对 Li_4SiO_4 掺杂 CaO 循环吸附性能的影响

6.2.1.5　长周期循环对 Li_4SiO_4 掺杂的 CO_2 循环吸附性能的影响

为了考察 Li_4SiO_4 掺杂后对 CaO 循环稳定性影响，采用前面研究得到的最佳因素制备吸附剂（CaO-LS-15-4-800），然后对制备的吸附剂进行了长周期循环。图 6-5 所示为循环吸附/脱附 20 次的结果，从图中结果得出，CaO-LS-15-4-800 循环转化率从第 1 次循环的 71.60% 到第 20 次循环的 35.04%，下降了 36.56%。经过长周期循环发现，制备的该吸附剂循环稳定性较差。

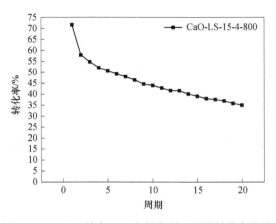

图 6-5　Li_4SiO_4 掺杂 CaO 长周期循环吸附转化率曲线

6.2.1.6 Li$_4$SiO$_4$ 掺杂 CaO 吸附剂的表征

图 6-6 所示为 Li$_4$SiO$_4$ 掺杂 CaO 吸附剂的 SEM 分析，由图可知，循环之前其尺寸较小，孔隙较多；经过 10 次循环后，吸附剂发生烧结，导致其颗粒尺寸增大、孔隙减少，进而循环转化率降低。根据形貌和循环转化率曲线分析得出，Li$_4$SiO$_4$ 掺杂可以改善 CaO 循环吸附 CO$_2$ 性能。

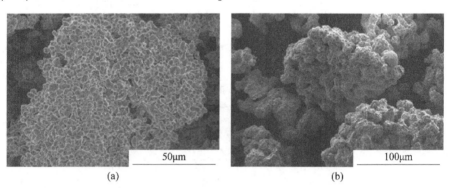

(a)　　　　　　　　　　　　　(b)

图 6-6　Li$_4$SiO$_4$ 掺杂 CaO 吸附剂的 SEM 分析

(a) 吸附循环之前的形貌；(b) 10 次循环之后的形貌

图 6-7 和图 6-8 所示为 CaO-LS-15-4-800 吸附剂循环前后 N$_2$ 吸附-脱附曲线和孔径分布曲线。表 6-3 列出了 Li$_4$SiO$_4$ 掺杂 CaO 循环前后吸附剂的 BET 结果分析，根据图 6-7、图 6-8 和表 6-3 结果可知，相对于 CaO 吸附剂，Li$_4$SiO$_4$ 掺杂提高了其比表面积和孔容，这与图 6-2 中转化率随循环次数的曲线结果相符合。结合图 6-6 SEM 图可知，经过循环 CaO-LS-15-4-800 吸附剂发生了烧结现象导致其比表面积较少，而孔径经过循环后增大，孔径的增大对于 CO$_2$ 气体分子扩散起到积极的作用，进而有利于 CO$_2$ 与 CaO 的内核发生反应提高碳酸化转化率。

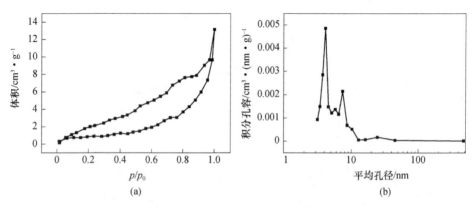

(a)　　　　　　　　　　　　　(b)

图 6-7　CaO-LS-15-4-800 吸附剂循环前的 N$_2$ 吸附-脱附曲线 (a) 和孔径分布曲线 (b)

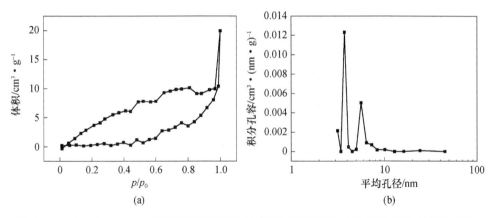

图 6-8 CaO-LS-15-4-800 吸附剂循环后的 N_2 吸附-脱附曲线 (a) 和孔径分布曲线 (b)

表 6-3 Li₄SiO₄ 掺杂循环前后吸附剂的 BET 分析

样品	循环前			循环后		
	比表面积 /m² · g⁻¹	总孔体积 /cm³ · g⁻¹	平均孔径 /nm	比表面积 /m² · g⁻¹	总孔体积 /cm³ · g⁻¹	平均孔径 /nm
CaO	9.921	0.06009	24.2251	1.467	0.02689	71.3398
CaO-LS-15-4-800	10.763	0.07035	22.4598	3.785	0.03080	69.0111

6.2.2 电石渣 (CS) 作为钙源的循环吸附性能研究

商业 CaO 作为钙源进行 CO_2 吸附时,循环几次后烧结现象严重,第 1 次循环时转化率为 55.16%,而第 10 次循环时转化率仅有 28.09%;但是经过 Li₄SiO₄ 掺杂改性 CaO 制备的吸附剂循环稳定性不好,碳酸化转化率从第 1 次循环的 71.60% 降到第 20 次循环的 35.04%。为了进一步提高钙基 CO_2 吸附剂的循环稳定性和碳酸化转化率,并且从以废治废的思想出发,采用电石渣作为钙源,然后利用 Li₄SiO₄ 掺杂改性进行 CO_2 循环吸附/脱附的研究。

6.2.2.1 CO_2 循环吸附/脱附条件的确定

CO_2 循环吸附转化率的高低与其操作条件具有紧密关系,一般情况下,操作条件主要包括 3 个方面,具体为吸附/脱附温度、时间和 CO_2 气氛。

将在 900℃ 煅烧 4h 后得到的电石渣 (CS),利用热重分析仪 (TGA) 在测试条件气氛为 50mL/min CO_2 和 50mL/min N_2,升温速率 15K/min,温度区间 25～1000℃ 的条件下进行 CO_2 吸附性能测试,得到 CS 的质量随碳酸化温度的变化趋势如图 6-9 所示。

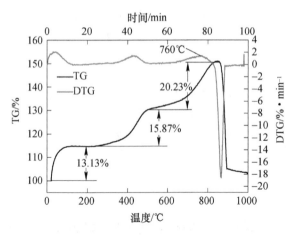

图 6-9   CS 质量变化曲线

由图 6-9 可知，当温度在 25~600℃ 时，质量变化不大，说明该温度范围 CO₂ 吸附速率较慢；当温度大于 600℃ 时，吸附速率明显开始增加，600~800℃ 范围内吸附剂的质量变化较大，则最佳吸附温度应在此区间选择。经过计算和 DTG 曲线数据可知，温度在 760℃ 时 TG 曲线的斜率最大，说明质量增加的速率最快。当温度升到 840℃ 左右时出现质量下降，即进入脱附阶段，在温度高于 900℃ 时 CS 的质量趋于稳定，说明 CO₂ 脱附的较佳温度是在 840~900℃ 温度区间选取。

综上所述，当 CO₂ 气氛为 50% 时，CO₂ 循环吸附的最佳温度是 760℃，CO₂ 脱附温度区间为 840~900℃。鉴于本实验中实验条件有限，再者也为了节约时间及成本，后面的吸附/脱附循环性能研究实验采用恒温条件，即循环吸附/脱附温度同时为 760℃。何善传[290]通过研究证明得出恒温吸附/脱附可行，并且本实验后期实验结果也得出恒温吸附/脱附可行。

图 6-10 所示为 CS 的 TG 曲线。为了避免制备的 CS 长时间受到空气中 CO₂ 和水分的影响，在确定 CO₂ 循环吸附/脱附时间之前，首先在热重里面对 CS 样品进行了预处理，即在 100mL/min N₂ 氛围下从室温升温到 900℃，以此保证 TGA 坩埚里有效成分为 CaO，而不是 Ca(OH)₂ 和 CaCO₃；然后降温至 760℃，改变气氛为 50mL/min CO₂ 和 50mL/min N₂ 进行恒温循环一次。从图中可以看出，90min 以前为 CS 预处理，93~113min 区间 TG 曲线上升趋势比较快，113min 之后上升趋势过于缓慢，因此选择 20min 为吸附时间。再考察脱附时间，将气氛改为 100mL/min N₂，图中显示 120~128min TG 曲线下降极快，在 128min 之后趋于稳定，为保证脱附完全，脱附时间采用 10min。

综上所述，CO₂ 循环吸附时间为 20min，脱附时间为 10min；另外还得出，760℃ 下 CS 进行恒温吸附/脱附实验可行。

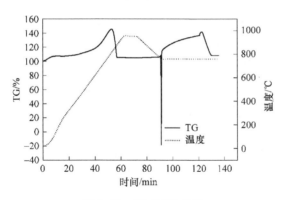

图 6-10　CS 的 TG 曲线

6.2.2.2　不同掺杂量对 CO$_2$ 循环性能的影响

不同的 Li$_4$SiO$_4$ 掺杂量对 CS 吸附 CO$_2$ 具有不同的影响，如图 6-11 所示。图 6-11 （a） 所示为 Li$_4$SiO$_4$ 掺杂量分别为 5%、8% 和 10% 时 CS 的 TG 曲线，Li$_4$SiO$_4$ 掺杂量是指 Li$_4$SiO$_4$ 的质量比 Li$_4$SiO$_4$ 的质量与 CS 中 CaO 质量的和。图 6-11 （b） 所示为循环 10 次的转化率曲线，从中分别可以看出，随着循环次数的增加，CO$_2$ 吸附性能逐渐提高，且掺杂量为 5% 时碳酸化转化率最高（从第 1 次循环的 43.18% 增加到第 10 次循环的 67.69%），较高和较低的掺杂量都对其吸附性能造成消极的作用。较高的掺杂量 （8% 和 10%） 会使 CS 中 CaO 的有效含量降低，进一步影响其碳酸化转化率；但是较低的掺杂量 （2%），不能够很好地发挥掺杂剂的作用，不利于提高 CS 的吸附性能。钙基 CO$_2$ 吸附剂随着循环次数的增加会发生烧结现象，即碳酸化转化率随着循环次数的增加而减少。但是该研究发现，Li$_4$SiO$_4$ 掺杂对 CS 改性后，使得 CS 的 CO$_2$ 吸附性能随着循环次数增加而提高。Florin 等人[292]研究发现，钙基吸附剂经过热预处理后，在开始循环时出现转化率较低，随后呈上升的趋势，又称作为 "自催化" 现象。

在该实验中，制备的吸附剂随着循环次数的增加，出现 "自催化" 现象，吸附剂中有效 CaO 会不断地被激活，进而转化率逐渐上升，但是也不会一直处于上升的趋势，后期会进行长周期循环的考察。

图 6-12 所示为掺杂剂的 XRD 图，图中显示掺杂剂中含有 Li$_4$SiO$_4$ 和未反应的 Li$_2$CO$_3$。CS 通过掺杂改性后制备的吸附剂 （CS-LS-5-4-800），未经循环吸附/脱附之前的 XRD 图如图 6-12 所示，图中显示掺杂改性后生成相组分 Li$_2$O。Liu 等人[293]和刘思乐等人[294]研究发现 Li$_2$O 对于 CO$_2$ 吸附是一种活性组分，并且具有较好的吸附能力，Liu 等人[293]研究结果表明，Li$_2$O-CaO 吸附剂对 CO$_2$ 的静吸附容量达到了 17.39mol/kg。结合图 6-11 和图 6-12 可知，掺杂改性后生成的 Li$_2$O 提高了其吸附转化率。

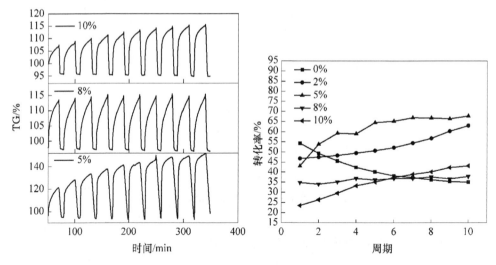

图 6-11　掺杂量对 CS 吸附 CO_2 性能的影响

(a) TG 曲线；(b) 转化率曲线

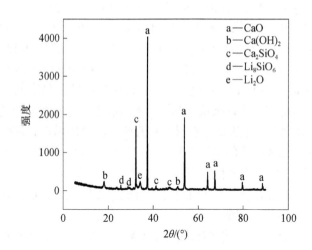

图 6-12　吸附剂未循环之前的 XRD 图

图 6-13 所示为 CS-LS-5-4-800 吸附剂循环吸附/脱附后的 XRD 图，图中显示，吸附剂循环后成分比较复杂，主要有 CaO、Ca_2SiO_4、$Li_2Si_2O_5$、Li_4SiO_4、SiC、$CaSi_2O_5$ 和 Li_2O，活性相 Li_2O 仍存在，并没有因为循环吸附而消失，Li_2O 的稳定存在使得 CS 掺杂改性后保持较高的吸附转化率。

6.2.2.3　预处理对 CO_2 循环性能的影响

为了提高钙基吸附剂的吸附性能，研究者们常对吸附剂进行水合处理或者预

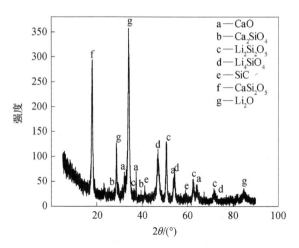

图 6-13 吸附剂循环之后 XRD 图

煅烧处理，但是水合处理大大增加了 CO$_2$ 吸附的能耗，并且水合处理得到的吸附剂颗粒强度达不到工业应用的要求，因此得不到广泛的应用。预煅烧处理可以提高吸附剂中孔隙结构的稳定性，但是预煅烧处理所起的效果高低由预煅烧时间和温度决定。

根据图 6-11 分析可知，Li$_4$SiO$_4$ 的最佳掺杂量为 5%，即 CS-LM-5-4-800 的循环性能较好，下面继续对其进行预煅烧时间的考察，如图 6-14 所示。根据图 6-14(a) 中 TG 曲线显示可知，不同的预煅烧时间对吸附剂的影响不同，煅烧 4h 的吸附剂其 TG 曲线上升趋势最明显；图 6-14(b) 中可看出随着循环次数的增加，吸附剂的转化率逐渐增加。煅烧 3h 时吸附剂的转化率由第 1 次的 32.65% 到第 10 次的 55.89%；随着预煅烧时间的增加其转化率增加，但是预煅烧时间为 5h 时，转化率出现下降；虽然在第 10 次循环时，煅烧 4h 和 6h 的转化率相差不大，但是根据曲线上升趋势和降低能耗的目标，最佳的预煅烧时间选用 4h(第 1 次的循环转化率 43.18% 到第 10 次的 67.70%)。较短的预煅烧时间不易使吸附剂形成稳定的孔隙结构，但是较长的预煅烧时间会使稳定的孔隙结构发生坍塌，进而影响其吸附性能。

预处理不仅包括预煅烧时间，而且预煅烧温度同时也是一个影响循环吸附转化率的重要原因。图 6-15 所示为预煅烧温度对吸附剂循环吸附性能的影响，由图 6-15(a) 可知，预煅烧温度不同，吸附剂的 TG 曲线也不同，但是都是呈上升的趋势，这是由于预煅烧引起的"自催化"现象造成的。由图 6-15(b) 可以看出，当煅烧温度为 850℃时吸附剂的循环转化率相比 800℃和 900℃较高，800℃时第 10 次循环的转化率为 67.69%，900℃时第 10 次循环的转化率为 63.91%，而 850℃时第 10 次的转化率高达 68.12%。图 6-15 显示，较低和较高的煅烧温

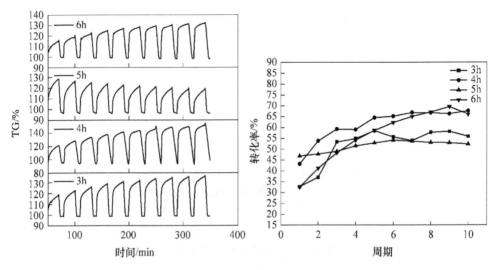

图 6-14   预煅烧时间对吸附剂循环吸附性能的影响

（a）TG 曲线；（b）循环转化率曲线

度都对吸附剂产生不利的作用，较低的煅烧温度不能起到预处理的作用，而较高的煅烧温度使得孔隙结构不稳定，造成吸附剂的烧结现象加重。文献 [234] 中提到，钙基吸附剂经 900℃ 高温煅烧后的烧结速率比 800℃ 煅烧高很多，大约高出一个数量级，因此煅烧温度较高时对吸附剂的吸附性能不利。

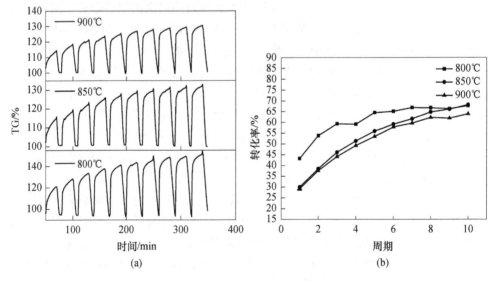

图 6-15   预煅烧温度对吸附剂循环吸附性能的影响

（a）TG 曲线；（b）循环转化率曲线

6.2.2.4　长周期循环对 CO$_2$ 循环性能的影响

综上所述，以 CS 为钙源进行 Li$_4$SiO$_4$ 掺杂改性时，制备吸附剂的较佳条件
为：掺杂量 5%、预煅烧时间 4h、预煅烧温度 850℃，即 CS-LS-5-4-850 为较佳
的 CO$_2$ 钙基吸附剂。为了进一步考察吸附剂的循环稳定性，且符合实际工业中降
低成本的思想，因此对吸附剂进行长周期循环的研究。CS-LS-5-4-850 吸附剂
的长周期循环性能的研究结果如图 6-16 所示，由图 6-16(a) 可以看到 CS-LS-
5-4-850 吸附剂的质量随着循环次数的增加而发生变化，在 200min 以前因吸附
剂发生 "自催化" 使 TG 曲线上升较明显，在 200~550min 之间变化不大，
550min 以后发生下降的趋势。图 6-16(b) 与图 6-16(a) 结果相似，前 6 次循环
的转化率增加较快，直到第 18 个循环出现下降。CS-LS-5-4-850 吸附剂在 18
次循环时转化率高达 75.31%，在第 20 次循环时转化率为 72.75%，比 18 次循环
降低 2.56%。

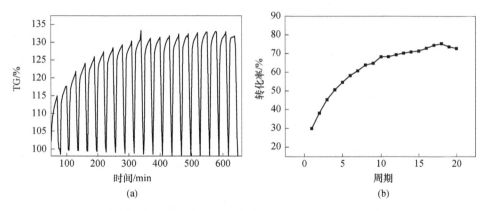

图 6-16　吸附剂 CS-LS-5-4-850 的长周期循环性能
(a) TG 曲线；(b) 转化率曲线

CaO-LS-15-4-800 吸附剂的转化率在第 20 次循环时为 35.04%，而 CS-LS-
5-4-850 吸附剂的转化率在第 20 次循环时为 72.75%，转化率提高 37.71%。因
此，以 Li$_4$SiO$_4$ 为掺杂剂制备掺杂型钙基 CO$_2$ 吸附剂时，钙源采用 CS 比商业 CaO
具有更高的碳酸化转化率，并且以废弃物制备得到的 CS 更符合环保的理念和以
废治废的思想。

6.2.2.5　吸附剂的表征

本节研究 Li$_4$SiO$_4$ 掺杂 CS 制备掺杂型 CO$_2$ 钙基吸附剂，其表征方法包括吸附
剂的形貌表征和 BET 分析。图 6-17 所示为吸附剂 CS、CS-LS-5-4-850 循环吸
附 CO$_2$ 前后的形貌结构图。根据图 6-17 (a) 和图 6-17 (b) 可以看出，未经掺

杂改性时，CS 循环 10 次后孔隙结构发生坍塌，出现严重的烧结现象，结合图 6-11 转化率曲线，烧结现象导致 CS 转化率下降。对比图 6-17(c)~(e)发现，"硬骨架"结构经过循环后出现稳定的"硬骨架"结构，且循环 20 次时"硬骨架"结构更明显，孔隙更大。Sun 等人[295]研究发现，白泥中由于存在大量杂质，使得在循环 CO_2 过程中形成稳定的"硬骨架"结构，这种结构促使白泥比石灰石的循环吸附 CO_2 性能更优，并且这种结构可以让吸附剂的循环性能维持恒定。

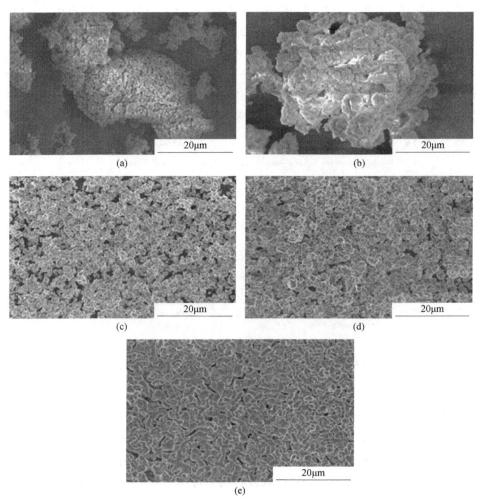

图 6-17 吸附剂的形貌图

(a) CS 吸附 CO_2 前；(b) CS 循环 10 次后；(c) CS-LS-5-4-850 吸附 CO_2 前；
(d) CS-LS-5-4-850 循环 10 次后；(e) CS-LS-5-4-850 循环 20 次后

CS-LS-5-4-850 吸附剂经过循环吸附后与循环之前相对比形成了稳定的结构，使得循环后的转化率提高，这与图 6-16 中循环转化率曲线结果相符合。

　　图 6-18 和图 6-19 分别为吸附剂 CS 和 CS-LS-5-4-850 循环前及 10 次循环后的 N$_2$ 吸附—脱附曲线和孔径分布曲线。

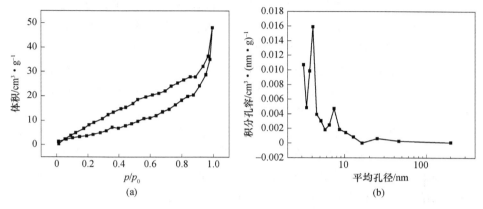

图 6-18　CS N$_2$ 吸附—脱附曲线（a）和孔径分布曲线（b）

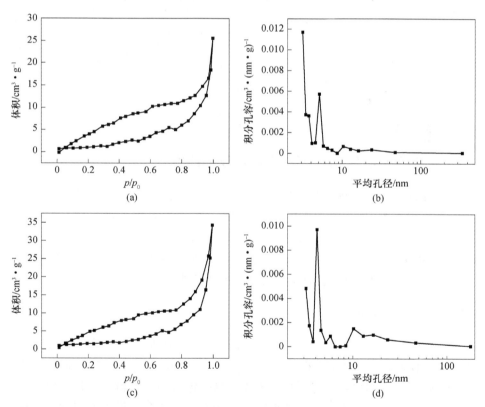

图 6-19　CS-LS-5-4-850 吸附剂的吸附—脱附曲线和孔径分布曲线

（a）CO$_2$ 吸附之前的 N$_2$ 吸附—脱附曲线；（b）CO$_2$ 吸附之前的孔径分布曲线；

（c）10 次循环后的 N$_2$ 吸附—脱附曲线；（d）10 次循环后的孔径分布曲线

从图 6-18 和表 6-4 中可以看出，吸附剂 CS 循环后比表面积急剧减少，这是由于发生了烧结现象，进而使吸附剂的吸附性能降低。从图 6-19 和表 6-4 中可知，CS-LS-5-4-850 吸附剂循环后比表面积增加，由循环前的 $4.271m^2/g$ 增加到第 10 次的 $5.058m^2/g$，孔径相应的也增大，随着循环次数的增加（10 个循环次数内），吸附剂的碳酸化转化率增加；在循环之前，对比 CS 和 CS-LS-5-4-850 吸附剂，发现比表面积在掺杂改性后反而比未掺杂的小，根据前面的研究可知，这是由于经过不断的煅烧导致 CS-LS-5-4-850 吸附剂发生 "自催化" 现象，使 CS-LS-5-4-850 吸附剂中的有效 CaO 不断地被激发。

表 6-4 中吸附剂的 BET 结果与上述研究的结果相符合，前面的实验中发现 CS-LS-5-4-850 吸附剂在 10 次循环前随着循环次数的增加转化率增加，BET 中反映出来的结果是：随着循环次数的增加比表面积增大。对于 CO_2 钙基吸附剂，比表面积越大越有利于 CO_2 的吸附，其循环吸附转化率越大。

表 6-4   CS 和 CS-LS-5-4-850 吸附剂的 BET 结果

样品	循环前			循环后		
	比表面积 $/m^2 \cdot g^{-1}$	总空体积 $/cm^3 \cdot g^{-1}$	平均孔径 /nm	比表面积 $/m^2 \cdot g^{-1}$	总空体积 $/cm^3 \cdot g^{-1}$	平均孔径 /nm
CS	17.615	0.07429	16.8683	2.161	0.06247	39.5798
CS-LS-5-4-850	4.271	0.03944	36.9311	5.058	0.05308	41.9778

6.3   氮化硅掺杂对 CO_2 循环吸附性能的研究

本节继续以 CS 为钙源制备掺杂型 CO_2 钙基吸附剂，但是掺杂剂选用 Si_3N_4，因为 Si_3N_4 是一种优良的高温结构功能材料，它具有良好的抗氧化、抗冷热冲击、化学稳定性好等特性，所以采用 Si_3N_4 为掺杂剂对钙基吸附剂进行掺杂改性的研究。据第 6.2 节的研究可知，CS 的吸附/脱附温度为 760℃，吸附时间为 20min，脱附时间为 10min，则该节继续采用此条件进行吸附/脱附。

6.3.1   掺杂剂的选择

实验采用 Si_3N_4 作为一种掺杂剂进行考察。掺杂剂 Si_3N_4 包括三种类型（α 型 Si_3N_4、β 型 Si_3N_4 和自制的 Si_3N_4），其中 α 型 Si_3N_4、β 型 Si_3N_4 通过购买得到；Si_3N_4 通过自制得到，首先制备碳源，取一定量的红木粉放入舟形坩埚置于真空管式炉中，通入 10min N_2 排尽管式炉中存在的空气，设置升温程序，按照 5℃/min 加热到 700℃，保持 60min 进行炭化，整个升温程序保持 N_2 通入流量为 100L/min，碳化后待管式炉温度降到 100℃ 以下关闭。其次制备硅源，称取 20mL

水、20mL 乙醇、10mL 正硅酸乙酯和 0.1g 十六烷基三甲基溴化铵（表面活性剂）混合，利用磁力搅拌器搅拌 30min 混合均匀，加入适量氨水调节混合液的 pH 值到 9 左右；按照 C/SiO_2 摩尔比为 3.5∶1 称取一定量上述制备的炭粉，将炭粉加入混合液中，快速搅拌 3h，然后静置 24h，之后放入烘箱中干燥，得到 C/SiO_2 前驱体。最后进行氮化，把 C/SiO_2 前驱体放入坩埚中，置于真空管式炉中进行高温（1500℃）氮化 6h，即得自制的 Si_3N_4。将自制的 Si_3N_4 进行 XRD 分析，如图 6-20 所示，根据图中显示，自制的 Si_3N_4 主要是 α 型 Si_3N_4，还含有少量 β 型 Si_3N_4 和反应中生成的 SiC。

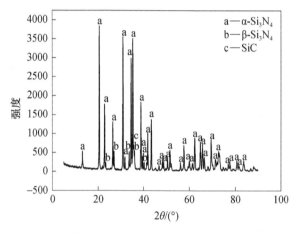

图 6-20 自制 Si_3N_4 的 XRD 图

利用 3 种不同的 Si_3N_4（α 型 Si_3N_4、β 型 Si_3N_4、自制的 Si_3N_4）对 CS 进行掺杂改性，然后在 TGA 中选择较优的掺杂剂进行 CO_2 循环吸附/脱附实验，得到的 TG 变化曲线如图 6-21(a) 所示，根据 TG 变化曲线看出：掺杂后，TG 曲线随着循环次数的增加出现上升，但是掺杂自制的 Si_3N_4 其 TG 曲线增加较明显。图 6-21(b) 是由图 6-21(a) 计算出 CaO 循环转化率曲线，结果显示：CS 未掺杂时随着循环次数的增加转化率曲线在不断下降，这是由于随着循环次数的增加，CS 发生烧结；而掺杂 5% α 型 Si_3N_4 循环转化率由第 1 次 27.31% 上升到第 10 次循环的 51.55%；掺杂 5% β 型 Si_3N_4 循环转化率由 26.98% 上升到 61.51%；掺杂 5% 自制的 Si_3N_4 循环转化率由 31.38% 上升到 68.34%。首次循环转化率较低，随着循环次数的增加，转化率出现上升，这是由于预煅烧处理造成"自催化"现象的发生，使 CS 中的有效 CaO 不断被激发提高吸附转化率。综上所述，掺杂自制的 Si_3N_4 循环 10 次后转化率较高，则选用自制的 Si_3N_4 为最佳的掺杂剂，然后进行掺杂量、预煅烧处理的考察。

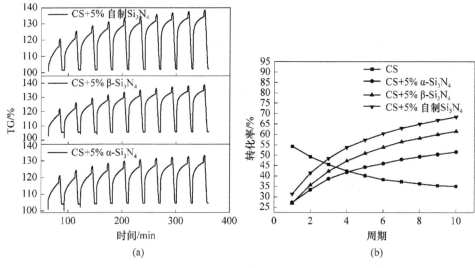

图 6-21　不同掺杂剂对 CS 循环吸附性能的影响

（a）TG 曲线；（b）转化率曲线

6.3.2　不同 Si₃N₄ 掺杂量对 CS 循环吸附 CO₂ 的影响

图 6-22 所示为不同自制 Si₃N₄ 掺杂量对 CS 循环吸附转化率的影响，将自制的 Si₃N₄ 分别按照质量分数 0~20% 与 CS 进行掺杂（Si₃N₄ 质量分数指 Si₃N₄ 的质量比 Si₃N₄ 的质量与 CS 中含有的 CaO 质量之和），经掺杂预煅烧得到的吸附剂放入 TGA 中，待温度升至 760℃ 进行循环实验。由图 6-22(b) 结果显示：掺杂 5% 时转化率由 31.38% 升到 68.34%，且在第 10 个循环时还没有下降的趋势；掺杂量 10% 时转化率由第 1 次 38.28% 到第 10 次的 64.99%，虽然首次循环时，掺杂量 10% 的比 5% 高，但是在第 8 个循环时掺杂量 10% 的吸附剂出现下降的趋势；当掺杂量 15% 时转化率由 27.49% 升到 57.41%，在第 8 次循环趋于稳定；当掺杂量 20% 时转化率由 24.18% 升到 51.89%，从第 7 个循环趋于稳定，第 9 个循环开始出现下降的趋势。

根据图 6-22 中转化率和曲线稳定性得出较优的掺杂量为 5%。较低的掺杂量不能使吸附剂形成稳定的孔隙结构，而较高的掺杂量使 CS 中有效 CaO 含量减少，因此，较低和较高的掺杂量都不能很好地提高循环吸附性能。

图 6-23 所示为吸附剂 CS-Si₃N₄-5-4-800 经循环后的 XRD 图，据图中显示发现，Si₃N₄ 掺杂改性后未与 CaO 发生反应，只是起到一个支撑结构的作用。据报道，Si₃N₄ 非常稳定，其塔曼温度高达 988℃，经过掺杂与 CaO 混合后，Si₃N₄ 可以在 CaO 中均匀的分散，防止 CaO 发生烧结现象，维持 CO₂ 吸附转化率处于较高的状态。

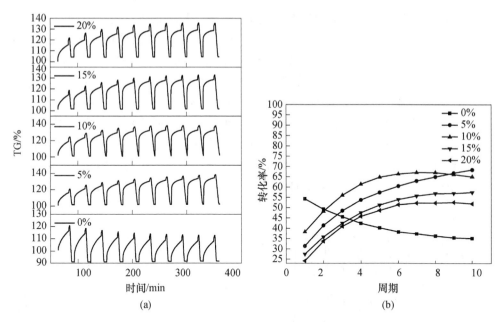

图 6-22　掺杂量对 CS 循环吸附转化率的影响

（a）TG 曲线；（b）转化率曲线

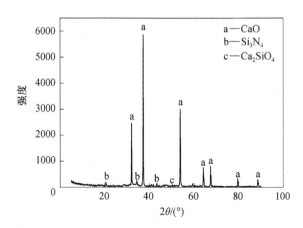

图 6-23　CS-Si_3N_4-5-4-800 吸附剂循环吸附后的 XRD 图

6.3.3　预处理对 Si_3N_4 掺杂 CS 循环吸附 CO_2 的影响

　　预处理影响因素主要包括预煅烧时间和温度，下面分别从这两方面进行研究。预煅烧不仅能够增加钙基吸附剂孔隙率，而且对孔隙结构的稳定性也有所提高。研究者研究发现增加预煅烧时间有利于钙基吸附剂的长周期循环，图 6-24 所示为预煅烧时间对 Si_3N_4 掺杂 CS 循环吸附 CO_2 的影响，由图 6-24(a) 可知，不同的预煅烧时间其 TG 曲线的趋势相同，都是上升的趋势，但是上升的强度不同，预煅烧 4h 上升较快。由图 6-24 （b）可知，在第 10 次循环，预煅烧 2h 转化率达到 65.10%，且在第 4 个循环出现下降趋势；预煅烧 3h 转化率达到 66.89%，在第 7 个循环出现下降趋势；预煅烧 4h 转化率达到 68.34%，且仍没有出现下降趋势；预煅烧 5h 为 72.05%，但是在第 7 个循环出现下降趋势。综合以上转化率结果可知，预煅烧时间较长使得形成的孔隙结构容易发生坍塌，预煅烧时间较短时虽然在开始的几个循环其转化率较高，但是经过几次循环后转化率就出现下降的趋势，这是由于短时间的预煅烧未能形成稳定的孔隙结构。考虑从长周期循环的角度和节约能耗的理念，选择较优的预煅烧时间为 4h。

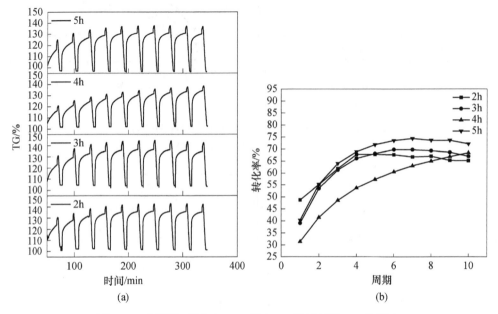

图 6-24　预煅烧时间对 Si₃N₄ 掺杂 CS 循环吸附 CO₂ 的影响

(a) TG 曲线；(b) 转化率曲线

除预煅烧时间外，预煅烧温度也是影响钙基吸附剂循环转化率的重要因素。图 6-25(a)考察了不同的预煅烧温度（800℃、850℃、900℃）对 Si₃N₄ 掺杂 CS 循环 CO₂ 吸附/脱附性能的影响。从图 6-25(b) 中得到以下结论：800℃预煅烧在第 10 个循环时转化率达到 68.34%；850℃预煅烧第 10 个循环时转化率为 70.12%；900℃时第 10 个循环转化率为 67.75%；则较优预煅烧温度为 850℃。根据预煅烧温度的影响结果发现，温度比掺杂量和预煅烧时间对循环性能的影响较小，但是选择合适的预煅烧温度可使掺杂剂和钙基混合均匀，进而提高吸附转化率。

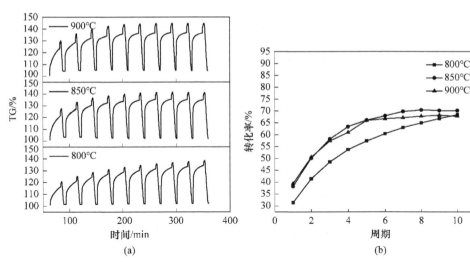

图 6-25　预煅烧温度对 Si_3N_4 掺杂 CS 循环吸附 CO_2 的影响

（a）TG 曲线；（b）转化率曲线

6.3.4　CO_2 气氛对 Si_3N_4 掺杂 CS 循环吸附 CO_2 的影响

不同的 CO_2 气氛对 CO_2 吸附性能影响较大，前面的研究中为了操作方便采用的 CO_2 浓度为 50%，但是现实工厂尾气的浓度在 15% 左右，为了模拟工厂尾气中的 CO_2 浓度，则采用不同的 CO_2 浓度对 $CS-Si_3N_4-5-4-850$ 进行循环吸附的研究。图 6-26 所示为不同 CO_2 浓度（50%、30% 和 15%）对 $CS-Si_3N_4-5-4-850$ 吸附剂循环吸附 CO_2 的转化率曲线。由图中可知，降低 CO_2 浓度，吸附剂的转化率降低，当浓度为 30% 时循环 10 次的转化率为 49.25%，浓度为 15% 时循环 10 次的转化率为 33.70%。

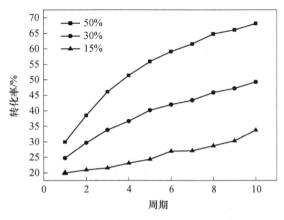

图 6-26　$CS-Si_3N_4-5-4-850$ 吸附剂在不同 CO_2 浓度下的循环转化率曲线

参考文献

［1］　Mason Jarad A, McDonald Thomas M, Bae Tae-Hyun, et al. Application of a high-throughput analyzer in evaluating solid adsorbents for post-combustion carbon capture via multicomponent adsorption of CO_2, N_2 and H_2O ［J］. Journal of the American Chemical Society, 2015, 137 (14): 4787~4803.

［2］　Metz B, Davidson O, De C H. Carbon dioxide capture and storage: special report of the intergovernmental panel on climate change ［M］. Cambridge: Cambridge University Press, 2005.

［3］　Lashaki M J, Khiavi S, Sayari A. Stability of amine-functionalized CO_2 adsorbents: a multifaceted puzzle ［J］. Chemical Society Reviews, 2019, 48 (12): 3320~3405.

［4］　Abanades J C, Anthony E J, Lu D Y, et al. Capture of CO_2 from combustion gases in a fluidized bed of CaO ［J］. AIChE Journal, 2004, 50 (7): 1614~1622.

［5］　Iyer M V, Gupta H, Sakadjian B B, et al. Multicyclic study on the simultaneous carbonation and sulfation of high-reactivity CaO ［J］. Industrial & Engineering Chemistry Research, 2004, 43 (14): 3939~3947.

［6］　Barker Ronald. The reversibility of the reaction $CaCO_3 \rightleftharpoons CaO + CO_2$ ［J］. Journal of Applied Chemistry and Biotechnology, 1973, 23 (10): 733~742.

［7］　Reddy E P, Smirniotis P G. High-temperature sorbents for CO_2 made of alkali metals doped on CaO supports ［J］. The Journal of Physical Chemistry B, 2004, 108 (23): 7794~7800.

［8］　Li Z S, Cai N S, Huang Y Y, et al. Synthesis, experimental studies and analysis of a new calcium-based carbon dioxide absorbent ［J］. Energy & Fuels, 2005, 19 (4): 1447~1452.

［9］　赵长遂, 范荧, 夏敏慧, 等. CaO 基矿物质循环吸收 CO_2 的碳酸化研究 ［J］. 沈阳工程学院学报, 2008, 4 (1): 1~6.

［10］　Nakagawa K, Ohashi T. A novel method of CO_2 capture from high temperature gases ［J］. Journal of the Electrochemical Society, 1998, 145 (4): 1344.

［11］　Essaki K, Nakagawa K, Kato M. Acceleration effect of ternary carbonate on CO_2 absorption rate in lithium zirconate powder ［J］. Journal of the Ceramic Society of Japan, 2001, 109 (1274): 829~833.

［12］　Nair Balagopal N, Yamaguchi T, Kawamura H, et al. Processing of lithium zirconate for applications in carbon dioxide separation: structure and properties of the powders ［J］. Journal of the American Ceramic Society, 2004, 87 (1): 68~74.

［13］　王银杰, 其鲁. 影响 Li_2ZrO_3 在高温下吸收 CO_2 的因素 ［J］. 物理化学学报, 2004, 20 (4): 364~367.

［14］　王银杰, 其鲁, 王祥云. 高温下锆酸锂吸收二氧化碳的研究 ［J］. 无机化学学报, 2003, 19 (5): 531~534.

［15］　Ohashi T, Nakagawa K. Effect of potassium carbonate additive on CO_2 absorption in lithium zirconate powder ［J］. MRS Online Proceedings Library Archive, 1998, 547.

［16］　袁文辉, 王婵月, 阎慧静, 等. CO_2 吸附剂掺钾锆酸锂的制备及性能表征 ［J］. 华南理工大学学报 (自然科学版), 2008, 36 (7): 26.

［17］ 王银杰，其鲁．Li_2ZrO_3 材料吸收 CO_2 性能的进一步研究［J］．无机化学学报，2004，20（7）：770~774．

［18］ 王银杰，其鲁，杜柯，等．K 元素的掺杂对锆酸锂材料吸收 CO_2 性能的影响［J］．北京大学学报（自然科学版），2005，41（4）：501~505．

［19］ Tang T, Zhang Z, Meng J B, et al. Synthesis and characterization of lithium silicate powders［J］. Fusion Engineering and Design, 2009, 84（12）：2124~2130.

［20］ Pfeiffer H, Bosch P, Bulbulian Silvia. Synthesis of lithium silicates［J］. Journal of Nuclear Materials, 1998, 257（3）：309~317.

［21］ 王银杰，其鲁，江卫军．K 的掺杂对硅酸锂吸收 CO_2 性能的影响［J］．北京理工大学学报，2006，5：458~460．

［22］ 王银杰，其鲁，代克化．Na 掺杂对硅酸锂吸收 CO_2 性能的影响［J］．物理化学学报，2006，22（7）：860~863．

［23］ Nair B N, Burwood R P, Goh V J, et al. Lithium based ceramic materials and membranes for high temperature CO_2 separation［J］. Progress in Materials Science, 2009, 54（5）：511~541.

［24］ Palacios-Romero L M, Pfeiffer H. Lithium cuprate（Li_2CuO_2）：a new possible ceramic material for CO_2 chemisorption［J］. Chemistry Letters, 2008, 37（8）：862~863.

［25］ Shan S Y, Jia Q M, Jiang L H, et al. Novel Li_4SiO_4-based sorbents from diatomite for high temperature CO_2 capture［J］. Ceramics International, 2013, 39（5）：5437~5441.

［26］ Wang K, Yin Z G, Zhao P F. Synthesis of macroporous Li_4SiO_4 via a citric acid-based sol-gel route coupled with carbon coating and its CO_2 chemisorption properties［J］. Ceramics International, 2016, 42（2）：2990~2999.

［27］ Yin Z G, Wang K, Zhao P F, et al. Enhanced CO_2 chemisorption properties of Li_4SO_4, using a water hydration-calcination technique［J］. Industrial & Engineering Chemistry Research, 2016, 55（4）：1142~1146.

［28］ Chen X X, Xiong Z, Qin Y D, et al. High-temperature CO_2 sorption by Ca-doped Li_4SiO_4 sorbents［J］. International Journal of Hydrogen Energy, 2016, 41（30）：13077~13085.

［29］ Iwan A, Stephenson H, Ketchie W C, et al. High temperature sequestration of CO_2 using lithium zirconates［J］. Chemical Engineering Journal, 2009, 146（2）：249~258.

［30］ Kang S Z, Wu T, Li X Q, et al. Low temperature biomimetic synthesis of the Li_2ZrO_3 nanoparticles containing $Li_6Zr_2O_7$ and high temperature CO_2 capture［J］. Materials Letters, 2010, 64（12）：1404~1406.

［31］ Guo X Z, Ding L, Ren J, et al. Preparation and CO_2 capture properties of nanocrystalline Li_2ZrO_3 via an epoxide-mediated sol-gel process［J］. Journal of Sol-Gel Science and Technology, 2017, 81（3）：844~849.

［32］ Xiao Q, Tang X D, Zhong Y J, et al. A Facile starch-assisted sol-gel method to synthesize K-Doped Li_2ZrO_3 sorbents with excellent CO_2 capture properties［J］. Journal of the American Ceramic Society, 2012, 95（5）：1544~1548.

［33］ Wang C, Dou B L, Song Y C, et al. High temperature CO_2 sorption on Li_2ZrO_3 based sorbents [J]. Industrial & Engineering Chemistry Research, 2014, 53 (32): 12744~12752.

[34] Wang C, Chen Y, Cheng Z D, et al. Sorption−enhanced steam reforming of glycerol for hydrogen production over a NiO/NiAl$_2$O$_4$ catalyst and Li$_2$ZrO$_3$−based sorbent [J]. Energy & Fuels, 2015, 29 (11): 7408~7418.

[35] Liu C T, Li Y J, Sun R Y, et al. Development of CaO−based sorbent doped with framework materials for CO$_2$ capture [J]. Advanced Materials Research, 2012: 715~719.

[36] Ramkumar S, Fan L S. Calcium looping process (CLP) for enhanced noncatalytic hydrogen production with integrated carbon dioxide capture [J]. Energy & Fuels, 2010, 24 (8): 4408~4418.

[37] Liu W Q, An H, Qin C L, et al. Performance enhancement of calcium oxide sorbents for cyclic CO$_2$ capture—a review [J]. Energy & Fuels, 2012, 26 (5): 2751~2767.

[38] Luo C, Zheng Y, Zheng C G, et al. Manufacture of calcium−based sorbents for high temperature cyclic CO$_2$ capture via a sol−gel process [J]. International Journal of Greenhouse Gas Control, 2013, 12: 193~199.

[39] Abanades J C, Grasa G, Alonso M, et al. Cost structure of a postcombustion CO$_2$ capture system using CaO [J]. Environmental Science & Technology, 2007, 41 (15): 5523~5527.

[40] Wang J S, Manovic V, Wu Y H, et al. A study on the activity of CaO−based sorbents for capturing CO$_2$ in clean energy processes [J]. Applied Energy, 2010, 87 (4): 1453~1458.

[41] Blamey J, Anthony E J, Wang J, et al. The calcium looping cycle for large−scale CO$_2$ capture [J]. Progress in Energy and Combustion Science, 2010, 36 (2): 260~279.

[42] Ma H P, Ren H, Meng S, et al. A 3D microporous covalent organic framework with exceedingly high C$_3$H$_8$/CH$_4$ and C$_2$ hydrocarbon/CH$_4$ selectivity [J]. Chemical Communications, 2013, 49 (84): 9773~9775.

[43] Chen S Y, Pudukudy M, Yue Z X, et al. Nonmetal schiff−base complex−anchored cellulose as a novel and reusable catalyst for the solvent−free ring−opening addition of CO$_2$ with epoxides [J]. Industrial & Engineering Chemistry Research, 2019, 58 (37): 17255~17265.

[44] Verma S, Kumar G, Ansari A, et al. A nitrogen rich polymer as an organo−catalyst for cycloaddition of CO$_2$ to epoxides and its application for the synthesis of polyurethane [J]. Sustainable Energy & Fuels, 2017, 1 (7): 1620~1629.

[45] Chen Z X, Song H S, Portillo M, et al. Long−term calcination/carbonation cycling and thermal pretreatment for CO$_2$ capture by limestone and dolomite [J]. Energy & Fuels, 2009, 23 (3): 1437~1444.

[46] Cheng W G, Chen X, Sun J, et al. SBA−15 supported triazolium−based ionic liquids as highly efficient and recyclable catalysts for fixation of CO$_2$ with epoxides [J]. Catalysis Today, 2013, 200: 117~124.

[47] Li Y J, Zhao C S, Chen H C, et al. Modified CaO−based sorbent looping cycle for CO$_2$ mitigation [J]. Fuel, 2009, 88 (4): 697~704.

[48] Broda M, Müller Christoph R. Synthesis of highly efficient, Ca-based, Al_2O_3-stabilized, carbon gel-templated CO_2 sorbents [J]. Advanced Materials, 2012, 24 (22): 3059~3064.

[49] Stendardo S, Andersen L K, Herce C. Self-activation and effect of regeneration conditions in CO_2-carbonate looping with $CaO-Ca_{12}Al_{14}O_{33}$ sorbent [J]. Chemical Engineering Journal, 2013, 220: 383~394.

[50] Li Z S, Cai N S, Huang Y Y. Effect of preparation temperature on cyclic CO_2 capture and multiple carbonation-calcination cycles for a new ca-based CO_2 sorbent [J]. Industrial & Engineering Chemistry Research, 2006, 45 (6): 1911~1917.

[51] Pacciani R, Müller C R, Davidson J F, et al. Synthetic Ca-based solid sorbents suitable for capturing CO_2 in a fluidized bed [J]. The Canadian Journal of Chemical Engineering, 2008, 86 (3): 356~366.

[52] Peng W W, Xu Z W, Zhao H B. Batch fluidized bed test of SATS-derived $CaO/TiO_2-Al_2O_3$ sorbent for calcium looping [J]. Fuel, 2016, 170: 226~234.

[53] Luo C, Zheng Y, Ding N, et al. Enhanced cyclic stability of CO_2 adsorption capacity of CaO-based sorbents using La_2O_3 or $Ca_{12}Al_{14}O_{33}$ as additives [J]. Korean Journal of Chemical Engineering, 2011, 28 (4): 1042~1046.

[54] Radfarnia Hamid R, Sayari A. A highly efficient CaO-based CO_2 sorbent prepared by a citrate-assisted sol-gel technique [J]. Chemical Engineering Journal, 2015, 262: 913~920.

[55] Shan S Y, Ma A H, Hu Y C, et al. Development of sintering-resistant CaO-based sorbent derived from eggshells and bauxite tailings for cyclic CO_2 capture [J]. Environmental Pollution, 2016, 208: 546~552.

[56] Jiang L, Hu S, Syed-Hassan S S A, et al. Performance and carbonation kinetics of modified CaO-based sorbents derived from different precursors in multiple CO_2 capture cycles [J]. Energy & Fuels, 2016, 30 (11): 9563~9571.

[57] Li L Y, King David L, Nie Z M, et al. Magnesia-stabilized calcium oxide absorbents with improved durability for high temperature CO_2 capture [J]. Industrial & Engineering Chemistry Research, 2009, 48 (23): 10604~10613.

[58] Li L Y, King D L, Nie Z M, et al. $MgAl_2O_4$ spinel-stabilized calcium oxide absorbents with improved durability for high-temperature CO_2 capture [J]. Energy & Fuels, 2010, 24 (6): 3698~3703.

[59] 张明明, 彭云湘, 汪瑾, 等. 三元复合钙基材料 $CaO-Ca_3Al_2O_6-MgO$ 的合成及其 CO_2 吸附性能 [J]. 化工学报, 2014, 65 (1): 227~236.

[60] Zhu Q C, Zeng S B, Yu Y. A model to stabilize CO_2 uptake capacity during carbonation-calcination cycles and its case of CaO-MgO [J]. Environmental Science & Technology, 2017, 51 (1): 552~559.

[61] Yan F, Jiang J G, Li K M, et al. Cyclic performance of waste-derived SiO_2 stabilized, CaO-based sorbents for fast CO_2 capture [J]. ACS Sustainable Chemistry & Engineering, 2016, 4 (12): 7004~7012.

[62] Zhao M, Bilton M, Brown A P, et al. Durability of $CaO-CaZrO_3$ sorbents for high-tempera-

ture CO_2 capture prepared by a wet chemical method [J]. Energy & Fuels, 2014, 28 (2): 1275~1283.

[63] Ping H L, Wu S F. CO_2 sorption durability of Zr-modified nano-CaO sorbents with cage-like hollow sphere structure [J]. ACS Sustainable Chemistry & Engineering, 2016, 4 (4): 2047~2055.

[64] Sultana K S, Tran D T, Walmsley J C, et al. CaO nanoparticles coated by ZrO_2 layers for enhanced CO_2 capture stability [J]. Industrial & Engineering Chemistry Research, 2015, 54 (36): 8929~8939.

[65] Akgsornpeak A, Witoon T, Mungcharoen T, et al. Development of synthetic CaO sorbents via CTAB-assisted sol-gel method for CO_2 capture at high temperature [J]. Chemical Engineering Journal, 2014, 237: 189~198.

[66] Hu Y C, Liu W Q, Sun J, et al. Incorporation of CaO into novel Nd_2O_3 inert solid support for high temperature CO_2 capture [J]. Chemical Engineering Journal, 2015, 273: 333~343.

[67] 张雷, 张力, 闫云飞, 等. 掺杂 Ce, Zr 对 CO_2 钙基吸附剂循环特性的影响 [J]. 化工学报, 2015, 66 (2): 612~617.

[68] Wang S, Fan S, Fan L, et al. Effect of cerium oxide doping on the performance of CaO-based sorbents during calcium looping cycles [J]. Environmental Science & Technology, 2015, 49 (8): 5021~5027.

[69] Qin C L, Liu W Q, An H, et al. Fabrication of CaO-based sorbents for CO_2 capture by a mixing method [J]. Environmental Science & Technology, 2012, 46 (3): 1932~1939.

[70] Li Y J, Zhao C S, Ren Q Q, et al. Effect of rice husk ash addition on CO_2 capture behavior of calcium-based sorbent during calcium looping cycle [J]. Fuel Processing Technology, 2009, 90 (6): 825~834.

[71] Qin C L, Yin J J, Ran J Y, et al. Effect of support material on the performance of K_2CO_3-based pellets for cyclic CO_2 capture [J]. Applied Energy, 2014, 136: 280~288.

[72] Esmaili J, Ehsani M R. Study on the effect of preparation parameters of K_2CO_3/Al_2O_3 sorbent on CO_2 capture capacity at flue gas operating conditions [J]. Journal of Encapsulation and Adsorption Sciences, 2013, 3 (2): 57.

[73] Lee S C, Kwon Y M, Jung S Y, et al. Excellent thermal stability of potassium-based sorbent using ZrO_2 for post combustion CO_2 capture [J]. Fuel, 2014, 115: 97~100.

[74] Prajapati A, Renganathan T, Krishnaiah K. Kinetic studies of CO_2 capture using K_2CO_3/activated carbon in fluidized bed reactor [J]. Energy & Fuels, 2016, 30 (12): 10758~10769.

[75] Kondakindi Rajender R, McCumber G, Aleksic S, et al. Na_2CO_3-based sorbents coated on metal foil: CO_2 capture performance [J]. International Journal of Greenhouse Gas Control, 2013, 15: 65~69.

[76] Martínez-dlCruz L, Pfeiffer H. Microstructural thermal evolution of the Na_2CO_3 phase produced during a Na_2ZrO_3-CO_2 chemisorption process [J]. The Journal of Physical Chemistry C, 2012, 116 (17): 9675~9680.

［77］ Dong W, Chen X P, Yu F, et al. $Na_2CO_3/MgO/Al_2O_3$ solid sorbents for low-temperature CO_2 capture ［J］. Energy & Fuels, 2015, 29 (2): 968~973.

［78］ Bushuev Yuriy G, Finney Aaron R, Rodger P M. Stability and structure of hydrated amorphous calcium carbonate ［J］. Crystal Growth & Design, 2015, 15 (11): 5269~5279.

［79］ Wang Q, Luo J Z, Zhong Z Y, et al. CO_2 capture by solid adsorbents and their applications: current status and new trends ［J］. Energy & Environmental Science, 2011, 4 (1): 42~55.

［80］ Lu S Q, Wu S F. Calcination-carbonation durability of nano $CaCO_3$ doped with Li_2SO_4 ［J］. Chemical Engineering Journal, 2016, 294: 22~29.

［81］ Wang Junya, Huang Liang, Yang Ruoyan, et al. Recent advances in solid sorbents for CO_2 capture and new development trends ［J］. Energy & Environmental Science, 2014, 7 (11): 3478~3518.

［82］ Tsai W T, Yang J M, Lai C W, et al. Characterization and adsorption properties of eggshells and eggshell membrane ［J］. Bioresource Technology, 2006, 97 (3): 488~493.

［83］ Yoo S, Hsieh Jeffery S, Zou P, et al. Utilization of calcium carbonate particles from eggshell waste as coating pigments for ink-jet printing paper ［J］. Bioresource Technology, 2009, 100 (24): 6416~6421.

［84］ Plaza M G, Pevida C, Arenillas A, et al. CO_2 capture by adsorption with nitrogen enriched carbons ［J］. Fuel, 2007, 86 (14): 2204~2212.

［85］ Plaza Marta G, Pevida C, Arias B, et al. Application of thermogravimetric analysis to the evaluation of aminated solid sorbents for CO_2 capture ［J］. Journal of Thermal Analysis and Calorimetry, 2008, 92 (2): 601~606.

［86］ 杨理, 闫清华, 马孝琴, 等. 鸡蛋壳再资源化的开发及应用前景 ［J］. 农产品加工 (学刊), 2009 (10): 136~138.

［87］ Zhang D F, Zhao P F, Li S G, et al. Cyclic CO_2 capture performance of carbide slag: parametric study ［C］. International Symposium on Coal Combustion. Springer, Berlin, Heidelberg, 2011.

［88］ Witoon T. Characterization of calcium oxide derived from waste eggshell and its application as CO_2 sorbent ［J］. Ceramics International, 2011, 37 (8): 3291~3298.

［89］ Sacia Eric R, Ramkumar S, Phalak N, et al. Synthesis and regeneration of sustainable CaO sorbents from chicken eggshells for enhanced carbon dioxide capture ［J］. ACS Sustainable Chemistry & Engineering, 2013, 1 (8): 903~909.

［90］ Mohammadi M, Lahijani P, Mohamed A R. Refractory dopant-incorporated CaO from waste eggshell as sustainable sorbent for CO_2 capture: experimental and kinetic studies ［J］. Chemical Engineering Journal, 2014, 243: 455~464.

［91］ Castilho S, Kiennemann A, Pereira Manuel F C, et al. Sorbents for CO_2 capture from biogenesis calcium wastes ［J］. Chemical Engineering Journal, 2013, 226: 146~153.

［92］ Ives M, Mundy R C, Fennell P S, et al. Comparison of different natural sorbents for removing CO_2 from combustion gases, as studied in a bench-scale fluidized bed ［J］. Energy & Fuels, 2008, 22 (6): 3852~3857.

［93］ Wang J Y, Huang L, Yang R Y, et al. Recent advances in solid sorbents for CO_2 capture and new development trends ［J］. Energy & Environmental Science, 2014, 7 (11): 3478~3518.

［94］ Li Y J, Liu C T, Sun R Y, et al. Sequential SO_2/CO_2 capture of calcium-based solid waste from the paper industry in the calcium looping process ［J］. Industrial & Engineering Chemistry Research, 2012, 51 (49): 16042~16048.

［95］ 马艾华. 改性造纸白泥循环捕集二氧化碳的性能研究 ［D］. 昆明: 昆明理工大学, 2016.

［96］ 田飞宇, 牟豪杰, 顾卫荣. 电石渣两步法制备轻质碳酸钙的研究 ［J］. 现代化工, 2013 (4): 95~99.

［97］ Zhang D F, et al. Cyclic CO_2 capture performance of carbide slag ［J］. Energy Sources, Part A: Recouery, Utilization, and Environmental Effects, 2016, 38 (4): 577-582.

［98］ Li Y J, Liu H L, Sun R Y, et al. Thermal analysis of cyclic carbonation behavior of CaO derived from carbide slag at high temperature ［J］. Journal of Thermal Analysis and Calorimetry, 2012, 110 (2): 685~694.

［99］ Martavaltzi C S, Lemonidou A A. Parametric study of the $CaO-Ca_{12}Al_{14}O_{33}$ synthesis with respect to high CO_2 sorption capacity and stability on multicycle operation ［J］. Industrial & Engineering Chemistry Research, 2008, 47 (23): 9537~9543.

［100］ 牛佳宁, 张登峰, 金悦, 等. 电石水解制备复合钙基吸附剂及其循环吸附 CO_2 的特性 ［J］. 过程工程学报, 2014, 14 (2): 340~344.

［101］ Pinheiro Carla I C, Fernandes A, Freitas Cátia, et al. Waste marble powders as promising inexpensive natural CaO-based sorbents for post-combustion CO_2 capture ［J］. Industrial & Engineering Chemistry Research, 2016, 55 (29): 7860~7872.

［102］ Mohammadi M, Lahijani P, Mohamed A R. Refractory dopant-incorporated CaO from waste eggshell as sustainable sorbent for CO_2 capture: experimental and kinetic studies ［J］. Chemical Engineering Journal, 2014, 243: 455~464.

［103］ Castilho S, Kiennemann A, Pereira Manuel F C, et al. Sorbents for CO_2 capture from biogenesis calcium wastes ［J］. Chemical Engineering Journal, 2013, 226: 146~153.

［104］ Ma A H, Jia Q M, Su H Y, et al. Study of CO_2 cyclic absorption stability of CaO-based sorbents derived from lime mud purified by sucrose method ［J］. Environmental Science and Pollution Research, 2016, 23 (3): 2530~2536.

［105］ Pinheiro Carla I C, Fernandes A, Freitas Cátia, et al. Waste marble powders as promising inexpensive natural CaO-based sorbents for post-combustion CO_2 capture ［J］. Industrial & Engineering Chemistry Research, 2016, 55 (29): 7860~7872.

［106］ Yadav Vishwajeet S, Prasad M, Khan J, et al. Sequestration of carbon dioxide (CO_2) using red mud ［J］. Journal of Hazardous Materials, 2010, 176 (1): 1044~1050.

［107］ 胡易成. 钙基 CO_2 吸附剂循环吸附性能研究 ［D］. 昆明: 昆明理工大学, 2014.

［108］ Manovic V, Anthony Edward J. CaO-based pellets with oxygen carriers and catalysts ［J］. Energy & Fuels, 2011, 25 (10): 4846~4853.

[109] Yu F C, Phalak N, Sun Z C, et al. Activation strategies for calcium-based sorbents for CO_2 capture: a perspective [J]. Industrial & Engineering Chemistry Research, 2012, 51 (4): 2133~2142.

[110] Chang E E, Wang Y C, Pan S Y, et al. CO_2 capture by using blended hydraulic slag cement via a slurry reactor [J]. Aerosol and Air Quality Research, 2012, 12 (6): 1433~1443.

[111] Duan L B, Su C L, Erans María, et al. CO_2 capture performance using biomass-templated cement-supported limestone pellets [J]. Industrial & Engineering Chemistry Research, 2016, 55 (39): 10294~10300.

[112] Duan L B, Yu Z J, Erans María, et al. Attrition study of cement-supported biomass-activated calcium sorbents for CO_2 capture [J]. Industrial & Engineering Chemistry Research, 2016, 55 (35): 9476~9484.

[113] Ma X T, Li Y J, Chi C Y, et al. CO_2 capture performance of mesoporous synthetic sorbent fabricated using carbide slag under realistic calcium looping conditions [J]. Energy & Fuels, 2017, 31 (7): 7299~7308.

[114] Manovic V, Anthony Edward J. CaO-based pellets supported by calcium aluminate cements for high-temperature CO_2 capture [J]. Environmental Science & Technology, 2009, 43 (18): 7117~7122.

[115] Manovic V, Wu Y H, He I, et al. Spray water reactivation/pelletization of spent CaO-based sorbent from calcium looping cycles [J]. Environmental Science & Technology, 2012, 46 (22): 12720~12725.

[116] Moghtaderi B, Zanganeh J, Shah K, et al. Application of concrete and demolition waste as CO_2 sorbent in chemical looping gasification of biomass [J]. Energy & Fuels, 2012, 26 (4): 2046~2057.

[117] Chang E E, Wang Y C, Pan S Y, et al. CO_2 capture by using blended hydraulic slag cement via a slurry reactor [J]. Aerosol and Air Quality Research, 2012, 12 (6): 1433~1443.

[118] Qin C L, Yin J J, An H, et al. Performance of extruded particles from calcium hydroxide and cement for CO_2 capture [J]. Energy & Fuels, 2011, 26 (1): 154~161.

[119] Ma X T, Li Y J, Chi C Y, et al. CO_2 capture performance of mesoporous synthetic sorbent fabricated using carbide slag under realistic calcium looping conditions [J]. Energy & Fuels, 2017, 31 (7): 7299~7308..

[120] Yan F, Jiang J G, Li K M, et al. Performance of coal fly ash stabilized, CaO-based sorbents under different carbonation-calcination conditions [J]. ACS Sustainable Chemistry & Engineering, 2015, 3 (9): 2092~2099.

[121] Yan Feng, Jiang Jianguo, Li Kaimin, et al. Green synthesis of nanosilica from coal fly ash and its stabilizing effect on CaO sorbents for CO_2 capture [J]. Environmental Science & Technology, 2017, 51 (13): 7606~7615.

[122] Sreenivasulu B, Sreedhar I, Reddy B M, et al. Stability and carbon capture enhancement by Coal-fly-ash-doped sorbents at a high temperature [J]. Energy & Fuels, 2017, 31 (1): 785~794.

［123］ Sreenivasulu Bolisetty, Sreedhar Inkollu, Venugopal Akula, et al. Thermo-kinetic investi-gations of high temperature carbon capture using coal-fly ash doped sorbent ［J］. Energy & Fuels, 2017.

［124］ Chen Huichao, Khalili Nasser. Fly-ash-modified calcium-based sorbents tailored to CO_2 capture ［J］. Industrial & Engineering Chemistry Research, 2017, 56 (7): 1888~1894.

［125］ He D L, Qin C L, Manovic V, et al. Study on the interaction between CaO-based sorbents and coal ash in calcium looping process ［J］. Fuel Processing Technology, 2017, 156, 339~347.

［126］ Cheng X X, Yang Q B. The Comprehensive utilization of steel stag ［J］. Fly Ash Compre-hensive Utilization, 2010, 5: 45~49.

［127］ Tian S C, Jiang J G, Yan F, et al. Synthesis of highly efficient CaO-based, self-stabili-zing CO_2 sorbents via structure-reforming of steel slag ［J］. Environmental Science & Tech-nology, 2015, 49 (12): 7464~7472.

［128］ Yu J, Wang K. Study on characteristics of steel slag for CO_2 capture ［J］. Energy & Fuels, 2011, 25 (11): 5483~5492.

［129］ 伊元荣, 韩敏芳. 钙基固体废弃物湿法捕获二氧化碳的反应特性 ［J］. 煤炭学报, 2012, 37 (7): 1205~1210.

［130］ Lee M S, Goswami D Y, Kothurkar N, et al. Development and evaluation of calcium oxide absorbent immobilized on fibrous ceramic fabrics for high temperature carbon dioxide capture ［J］. Powder Technology, 2015, 274: 313~318.

［131］ Hu Y C, Jia Q M, Shan S Y, et al. Development of CaO-based sorbent doped withmineral rejects-bauxite-tailings in cyclic CO_2 capture ［J］. Journal of the Taiwan Institute of Chemi-cal Engineers, 2015, 46: 155~159.

［132］ Sreenivasulu B, Sreedhar I, Reddy B M, et al. Stability and carbon capture enhancement by coal-fly-ash-doped sorbents at a high temperature ［J］. Energy & Fuels, 2017, 31 (1): 785~794.

［133］ Zhu B J, Shang C X, Guo Z X. Naturally nitrogen and calcium-doped nanoporous carbon from pine cone with superior CO_2 capture capacities ［J］. ACS Sustainable Chemistry & Engi-neering, 2016, 4 (3): 1050~1057.

［134］ 孟冰露. 使用碳修饰的钙基捕集剂捕集水泥工业 CO_2 的试验研究 ［D］. 西安: 西安建筑科技大学, 2015.

［135］ Sun J, Liu W Q, Hu Y C, et al. Structurally improved, core-in-shell, CaO-based sor-bent pellets for CO_2 capture ［J］. Energy & Fuels, 2015, 29 (10): 6636~6644.

［136］ Wang K, Guo X, Zhao P, et al. High temperature capture of CO_2 on lithium-based sorbents from rice husk ash ［J］. Journal of Hazardous Materials, 2011, 189 (1~2): 301~307.

［137］ Chen H C, Zhao C S, Yu W W. Calcium-based sorbent doped with attapulgite for CO_2 cap-ture ［J］. Applied Energy, 2013, 112 (4): 67~74.

［138］ 单历元. 利用凹凸棒石改性钙基吸收剂捕集水泥工业 CO_2 的试验研究 ［D］. 西安: 西安建筑科技大学, 2016.

［139］ 孟晶晶. 利用蛭石改性钙基捕集剂捕集水泥工业 CO_2 的试验研究 ［D］. 西安：西安建筑科技大学，2016.

［140］ Ma X T, Li Y J, Shi L, et al. Fabrication and CO_2 capture performance of magnesia-stabilized carbide slag by by-product of biodiesel during calcium looping process ［J］. Applied Energy, 2016, 168: 85~95.

［141］ Yan F, Jiang J G, Li K M, et al. Cyclic performance of waste-derived SiO_2 stabilized, CaO-based sorbents for fast CO_2 capture ［J］. ACS Sustainable Chemistry & Engineering, 2016, 4 (12): 7004~7012.

［142］ Broda M, Manovic V, Anthony Edward J, et al. Effect of pelletization and addition of steam on the cyclic performance of carbon-templated, CaO-based CO_2 sorbents ［J］. Environmental Science & Technology, 2014, 48 (9): 5322~5328.

［143］ Chen H C, Zhang P P, Duan Y F, et al. Reactivity enhancement of calcium based sorbents by doped with metal oxides through the sol-gel process ［J］. Applied Energy, 2016, 162, 390~400.

［144］ Wang S P, Shen H, Fan S S, et al. Enhanced CO_2 adsorption capacity and stability using CaO-based adsorbents treated by hydration ［J］. AIChE Journal, 2013, 59 (10): 3586~3593.

［145］ Sun J, Liu W Q, Li M K, et al. Mechanical modification of naturally occurring limestone for high-temperature CO_2 capture ［J］. Energy & Fuels, 2016, 30 (8): 6597~6605.

［146］ Witoon T. Characterization of calcium oxide derived from waste eggshell and its application as CO_2 sorbent ［J］. Ceramics International, 2011, 37 (8): 3291~3298.

［147］ Olivares-Marín Mara, Maroto-Valer M Mercedes. Development of adsorbents for CO_2 capture from waste materials: a review ［J］. Greenhouse Gases: Science and Technology, 2012, 2 (1): 20~35.

［148］ Feng Y, Jiang J G, Li K M, et al. Green synthesis of nanosilica from coal fly ash and its stabilizing effect on CaO sorbents for CO_2 capture ［J］. Environmental science & technology, 2017, 51 (13): 7606~7615.

［149］ Ma X T, Li Y J, Shi L, et al. Fabrication and CO_2 capture performance of magnesia-stabilized carbide slag by by-product of biodiesel during calcium looping process ［J］. Applied Energy, 2016, 168: 85~95.

［150］ 张盛江，杨金明. 云南大理石资源特点，开发现状与对策 ［J］. 石材，2001，3: 16~19.

［151］ Akbulut H, Gürer C, in Proceeding of the fourth national marble symposium, Afyonkarahisar, 2003: 371~378.

［152］ Manovic V, Anthony Edward J. Sequential SO_2/CO_2 capture enhanced by steam reactivation of a CaO-based sorbent ［J］. Fuel, 2008, 87 (8~9): 1564~1573.

［153］ Manovic V, Lu D, Anthony Edward J. Steam hydration of sorbents from a dual fluidized bed CO_2 looping cycle reactor ［J］. Fuel, 2008, 87 (15): 3344~3352.

［154］ Stanmore B R, Gilot P. Calcination and carbonation of limestone during thermal cycling for CO_2 sequestration ［J］. Fuel processing technology, 2005, 86 (16): 1707~1743.

[155] Valverde Jose M, Sanchez-Jimenez P E, Perejon A, et al. Role of looping-calcination conditions on self-reactivation of thermally pretreated CO_2 sorbents based on CaO [J]. Energy & Fuels, 2013, 27 (6): 3373~3384.

[156] Um N, Hirato T. Dissolution behavior of La_2O_3, Pr_2O_3, Nd_2O_3, CaO and Al_2O_3 in sulfuric acid solutions and study of cerium recovery from rare earth polishing powder waste via two-stage sulfuric acid leaching [J]. Materials Transactions, 2013, 54 (5): 713~719.

[157] Kato K, Yoshioka T, Okuwaki A. Study for recycling of ceria-based glass polishing powder [J]. Industrial & Engineering Chemistry Research, 2000, 39 (4): 943~947.

[158] Namil U M, Hirato T. A hydrometallurgical method of energy saving type for separation of rare earth elements from rare earth polishing powder wastes with middle fraction of ceria [J]. Journal of Rare Earths, 2016, 34 (5): 536~542.

[159] Lysikov Anton I, Salanov Aleksey N, Okunev Aleksey G. Change of CO_2 carrying capacity of CaO in isothermal recarbonation-decomposition cycles [J]. Industrial & Engineering Chemistry Research, 2007, 46 (13): 4633~4638.

[160] Grasa Gemma S, Abanades J C. CO_2 capture capacity of CaO in long series of carbonation/calcination cycles [J]. Industrial & Engineering Chemistry Research, 2006, 45 (26): 8846~8851.

[161] Zhou Z M, Xu P, Xie M M, et al. Modeling of the carbonation kinetics of a synthetic CaO-based sorbent [J]. Chemical Engineering Science, 2013, 95: 283~290.

[162] Wu S F, Li Q H, Kim Jong N, et al. Properties of a nano CaO/Al_2O_3 CO_2 sorbent [J]. Industrial & Engineering Chemistry Research, 2008, 47 (1): 180~184.

[163] Lu H, Khan A, Smirniotis Panagiotis G. Relationship between structural properties and CO_2 capture performance of CaO-based sorbents obtained from different organometallic precursors [J]. Industrial & Engineering Chemistry Research, 2008, 47 (16): 6216~6220.

[164] Sing Kenneth S W. Reporting physisorption data for gas/solid systems with special reference to the determination of surface area and porosity (Recommendations 1984) [J]. Pure and Applied Chemistry, 1985, 57 (4): 603~619.

[165] Manovic V, Anthony Edward J. Thermal activation of CaO-based sorbent and self-reactivation during CO_2 capture looping cycles [J]. Environmental Science & Technology, 2008, 42 (11): 4170~4174.

[166] 2012 年环境统计年报北京 [R]. 环境保护部, 2012.

[167] 孙一峰, 林妍妍, 王文娟, 等. 固体废弃物资源化 [J]. 化工技术与开发, 2012, 41 (1): 31~31, 44~47.

[168] 孙可伟. 固体废弃物资源化的现状和展望 [J]. 中国资源综合利用, 2000, 1: 10~14.

[169] Yang H Z, Chen C P, Pan L J, et al. Preparation of double-layer glass-ceramic/ceramic tile from bauxite tailings and red mud [J]. Journal of the European Ceramic Society, 2009, 29 (10): 1887~1894.

[170] Wang Y H, Lan Y, Hu Y H. Adsorption mechanisms of Cr (Ⅵ) on the modified bauxite tailings [J]. Minerals Engineering, 2008, 21 (12~14): 913~917.

[171] 邓海波，吴承桧，杨文，等．利用铝土矿洗矿尾矿制备聚合硫酸铝铁［J］．金属矿山，2011，7：157~160．

[172] Singh M, Upadhayay S N, Prasad P M. Preparation of special cements from red mud［J］. Waste Management, 1996, 16（8）：665~670.

[173] 南相莉，张廷安，刘燕，等．我国赤泥综合利用分析［J］．过程工程学报，2010（1）：264~270．

[174] 黄蔼霞，许超，吴启堂，等．赤泥对重金属污染红壤修复效果及其评价［J］．水土保持学报，2012，26（1）：267~272．

[175] 林伟，李小雷，韩复兴，等．拜耳法赤泥改性陶瓷轻质砖工艺研究［J］．陶瓷，2011（15）：22~25．

[176] 朱桂林，孙树杉，赵群，等．冶金渣资源化利用的现状和发展趋势［J］．中国资源综合利用，2002（3）：29~32．

[177] 李雷，姜振泉．粉煤灰的理化特征及其综合利用［J］．环境科学研究，1998，11（3）：60~62．

[178] 冷发光．煤矸石综合利用的研究与应用现状［J］．四川建筑科学研究，2000，26（2）：44~46．

[179] 刘迪．煤矸石的环境危害及综合利用研究［J］．气象与环境学报，2006，22（3）：60~62．

[180] 崔明，赵立欣，田宜水，等．中国主要农作物秸秆资源能源化利用分析评价［J］农业工程学报，2008，24（12）：291~296．

[181] 宋晓岚．城市垃圾处理与可持续发展［J］．长沙大学学报，2001，15（4）：36~40．

[182] Majchrzak-Kucęba I, Nowak W. A thermogravimetric study of the adsorption of CO_2 on zeolites synthesized from fly ash［J］. Thermochimica Acta, 2005, 437（1~2）：67~74.

[183] Liu Liying, Singh Ranjeet, Xiao Penny, et al. Zeolite synthesis from waste fly ash and its application in CO_2 capture from flue gas streams［J］. Adsorption, 2011, 17（5）：795~800.

[184] Boonpoke A, Chiarakorn S, Laosiripojana N, et al. Synthesis of activated carbon and MCM-41 from bagasse and rice husk and their carbon dioxide adsorption capacity［J］. Journal of Sustainable Energy & Environment, 2011, 2（2）：77~81.

[185] Jang H T, Park Y K, Ko Y S, et al. Highly siliceous MCM-48 from rice husk ash for CO_2 adsorption［J］. International Journal of Greenhouse Gas Control, 2009, 3（5）：545~549.

[186] Bhagiyalakshmi M, Yun L J, Anuradha R, et al. Utilization of rice husk ash as silica source for the synthesis of mesoporous silicas and their application to CO_2 adsorption through TREN/TEPA grafting［J］. Journal of Hazardous Materials, 2010, 175（1~3）：928~938.

[187] Olivares-Marín M, Drage T C, Maroto-Valer M M. Novel lithium-based sorbents from fly ashes for CO_2 capture at high temperatures［J］. International Journal of Greenhouse Gas Control, 2010, 4（4）：623~629.

[188] Ortiz-Landeros J, Ávalos-Rendón T L, Gómez-Yáñez C, et al. Analysis and perspectives concerning CO_2 chemisorption on lithium ceramics using thermal analysis［J］. Journal of Thermal Analysis and Calorimetry, 2011, 108（2）：647~655.

[189] Olivares-Marin M, Maroto-Valer M M. Preparation of a highly microporous carbon from a carpet material and its application as CO_2 sorbent [J]. Fuel Processing Technology, 2011, 92 (3): 322~329.

[190] Olivares-Marín M, Garcia S, Pevida C, et al. The influence of the precursor and synthesis method on the CO_2 capture capacity of carpet waste-based sorbents [J]. Journal of Environmental Management, 2011, 92 (10): 2810~2817.

[191] Olivares-Marín M, Maroto-Valer M, Mercedes. Development of adsorbents for CO_2 capture from waste materials: a review [J]. Greenhouse Gases ence & Technology, 2012, 2 (1): 20~35.

[192] Pan S Y, Chang E E, Chiang Pen Chi. CO_2 capture by accelerated carbonation of alkaline wastes: A review on its principles and applications [J]. Aerosol and Air Quality Research, 2016, 12 (5): 770~791.

[193] Thongthai Witoon A B. Characterization of calcium oxide derived from waste eggshell and its application as CO_2 sorbent [J]. Ceramics International, 2011, 37 (8): 3291~3298.

[194] Sacia Eric R, Ramkumar S, Phalak N, et al. Synthesis and regeneration of sustainable CaO sorbents from chicken eggshells for enhanced carbon dioxide capture [J]. ACS Sustainable Chemistry & Engineering, 2013, 1 (8): 903~909.

[195] 罗聪, 郑瑛, 丁宁, 等. 掺杂镧铝盐对钙基循环捕捉 CO_2 能力的影响 [J]. 中国电机工程学报, 2010, 30 (29): 49~54.

[196] Manovic V, Anthony Edward J. CaO-based pellets supported by calcium aluminate cements for high-temperature CO_2 capture [J]. Environmental Science & Technology, 2009, 43 (18): 7117~7122.

[197] Wang K, Guo X, Zhao P F, et al. Cyclic CO_2 capture of CaO-based sorbent in the presence of metakaolin and aluminum (hydr) oxides [J]. Applied Clay Science, 2010, 50 (1): 41~46.

[198] Manovic V, Anthony Edward J. Screening of binders for pelletization of CaO-based sorbents for CO {sub 2} capture [J]. Energy & Fuels, 2009, 23 (5): 4797~4804.

[199] Li Y J, Zhao C S, Chen H C, et al. Modified CaO-based sorbent looping cycle for CO_2 mitigation [J]. Fuel, 2009, 88 (4): 697~704.

[200] Manovic V, Anthony Edward J. Thermal activation of CaO-based sorbent and self-reactivation during CO_2 capture looping cycles [J]. Environmental Science & Technology, 2008, 42 (11): 4170~4174.

[201] Salvador C, Lu D, Anthony E J, et al. Enhancement of CaO for CO_2 capture in an FBC environment [J]. Chemical Engineering Journal, 2003, 96 (1~3): 187~195.

[202] Chen Y F, Phalak N, Sun Z C, et al. Activation strategies for calcium-based sorbents for CO_2 capture: A perspective [J]. Industrial & Engineering Chemistry Research, 2012, 51 (4): 2133~2142.

[203] Bhatia S K, Perlmutter D D. Effect of the product layer on the kinetics of the CO_2-lime reaction [J]. AIChE Journal, 1983, 29 (1): 79~86.

[204] Dedman A J, Owen A J. Calcium cyanamide synthesis. Part 4. —the reaction CaO+ CO$_2$ $\Longrightarrow$ CaCO$_3$ [J]. Transactions of the Faraday Society, 1962, 58: 2027~2035.

[205] Khoshandam B, Kumar R V, Allahgholi L. Mathematical modeling of CO$_2$ removal using carbonation with CaO: The grain model [J]. Korean Journal of Chemical Engineering, 2010, 27 (3): 766~776.

[206] De Bruijn T J W, De Jong W A, Van Den Berg P J. Kinetic parameters in avrami—erofeev type reactions from isothermal and non-isothermal experiments [J]. Thermochimica Acta, 1981, 45 (3): 315~325.

[207] Szekely J, Evans J W. A structural model for gas-solid reactions with a moving boundary—II: The effect of grain size, porosity and temperature on the reaction of porous pellets [J]. Chemical Engineering Science, 1971, 26 (11): 1901~1913.

[208] Bhatia S K, Perlmutter D D. A random pore model for fluid-solid reactions: I. Isothermal, kinetic control [J]. AIChE Journal, 1980, 26 (3): 379~386.

[209] Bhatia S K, Perlmutter D D. A random pore model for fluid-solid reactions: II. Diffusion and transport effects [J]. AIChE Journal, 1981, 27 (2): 247~254.

[210] Grasa G, Murillo R, Alonso M, et al. Application of the random pore model to the carbonation cyclic reaction [J]. AIChE Journal, 2009, 55 (5): 1246~1255.

[211] Liu W, Dennis J S, Sultan D S, et al. An investigation of the kinetics of CO$_2$ uptake by a synthetic calcium based sorbent [J]. Chemical Engineering Science, 2012, 69 (1): 644~658.

[212] Alie C, Backham L, Croiset E, et al. Simulation of CO$_2$ capture using MEA scrubbing: a flowsheet decomposition method [J]. Energy Conversion and Management, 2005, 46 (3): 475~487.

[213] Kim I, Svendsen H F. Heat of absorption of carbon dioxide (CO$_2$) in monoethanolamine (MEA) and 2-(aminoethyl) ethanolamine (AEEA) solutions [J]. Industrial & Engineering Chemistry Research, 2007, 46 (17): 5803~5809.

[214] Faiz R, Al-Marzouqi M. Mathematical modeling for the simultaneous absorption of CO$_2$ and H$_2$S using MEA in hollow fiber membrane contactors [J]. Journal of Membrane Science, 2009, 342 (1~2): 269~278.

[215] Mores P, Scenna N, Mussati S. Mathematical model of carbon dioxide absorption into mixed aqueous solution in computer [J] Aided Chemical Engineering, 2009, 27: 1113~1118.

[216] Mores P, Scenna N, Mussati S. CO$_2$ capture using monoethanolamine (MEA) aqueous solution: Modeling and optimization of the solvent regeneration and CO$_2$ desorption process [J]. Energy, 2012, 45 (1): 1042~1058.

[217] Botero C, Finkenrath M, Bartlett M, et al. Redesign, optimization and economic evaluation of a natural gas combined cycle with the best integrated technology CO$_2$ capture [J]. Energy Procedia, 2009, 1 (1): 3835~3842.

[218] Möller Björn F, Genrup M, Assadi M. On the off-design of a natural gas-fired combined cycle with CO$_2$ capture [J]. Energy, 2007, 32 (4): 353~359.

[219] Khalilpour R, Abbas A. HEN optimization for efficient retrofitting of coal-fired power plants

with post-combustion carbon capture [J]. International Journal of Greenhouse Gas Control, 2011, 5 (2): 189~199.

[220] Romeo L M, Bolea I, Escosa J M. Integration of power plant and amine scrubbing to reduce CO_2 capture costs [J]. Applied Thermal Engineering, 2008, 28 (8~9): 1039~1046.

[221] Pfaff I, Oexmann J, Kather A. Optimised integration of post-combustion CO_2 capture process in greenfield power plants [J]. Energy, 2010, 35 (10): 4030~4041.

[222] Cifre P G, Brechtel K, Hoch S, et al. Integration of a chemical process model in a power plant modelling tool for the simulation of an amine based CO_2 scrubber [J]. Fuel, 2009, 88 (12): 2481~2488.

[223] Abu-Zahra Mohammad R M, Schneiders Léon H J, Niederer John P M, et al. CO_2 capture from power plants: Part I. A parametric study of the technical performance based on monoethanolamine [J]. International Journal of Greenhouse Gas Control, 2007, 1 (1): 37~46.

[224] Abu-Zahra Mohammad R M, Niederer John P M, Feron Paul H M, et al. CO_2 capture from power plants: Part II. A parametric study of the economical performance based on mono-ethanolamine [J]. International Journal of Greenhouse Gas Control, 2007, 1 (2): 135~142.

[225] MacKenzie A, Granatstein D L, Anthony Edward J, et al. Economics of CO_2 capture using the calcium cycle with a pressurized fluidized bed combustor [J]. Energy & Fuels, 2007, 21 (2): 920~926.

[226] Zeman F. Effect of steam hydration on performance of lime sorbent for CO_2 capture [J]. International Journal of Greenhouse Gas Control, 2008, 2 (2): 203~209.

[227] Valverde J M, Sanchez-Jimenez P E, Perez-Maqueda L A. Relevant influence of limestone crystallinity on CO_2 capture in the Ca-Looping technology at realistic calcination conditions [J]. Environmental Science & Technology, 2014, 48 (16): 9882~9889.

[228] Ozcan D C, Alonso M, Ahn H, et al. Process and cost analysis of a biomass power plant with in situ calcium looping CO_2 capture process [J]. Industrial & Engineering Chemistry Research, 2014, 53 (26): 10721~10733.

[229] Cohen S M, Rochelle G T, Webber M E. Optimal operation of flexible post-combustion CO_2 capture in response to volatile electricity prices [J]. Energy Procedia, 2011, 4: 2604~2611.

[230] Bernier E, Maréchal F, Samson R. Multi-objective design optimization of a natural gas-combined cycle with carbon dioxide capture in a life cycle perspective [J]. Energy, 2010, 35 (2): 1121~1128.

[231] Bernier E, Maréchal F, Samson R. Optimal greenhouse gas emissions in NGCC plants integrating life cycle assessment [J]. Energy, 2012, 37 (1): 639~648.

[232] Manovic V, Anthony E J. Long-term behavior of CaO-based pellets supported by calcium aluminate cements in a long series of CO_2 capture cycles [J]. Industrial & Engineering Chemistry Research, 2009, 48 (19): 8906~8912.

[233] Manovic V, Anthony E J, Grasa G, et al. CO_2 looping cycle performance of a high-purity limestone after thermal activation/doping [J]. Energy & Fuels, 2008, 22 (5): 3258~

［234］ Borgwardt R H. Calcium oxide sintering in atmospheres containing water and carbon dioxide ［J］. Industrial & Engineering Chemistry Research, 1989, 28 (4): 493~500.

［235］ Qin J, Cui C, Cui X Y, et al. Recycling of lime mud and fly ash for fabrication of anorthite ceramic at low sintering temperature ［J］. Ceramics International, 2015, 41 (4): 5648~5655.

［236］ 康阳, 李金宝, 王幸. 草浆绿液苛化白泥碳酸钙结构性能表征 ［J］. 造纸科学与技术, 2015 (5): 97~100.

［237］ 孙荣岳. 基废弃物循环煅烧/碳酸化捕集 CO_2 及颗粒磨损特性研究 ［D］. 济南: 山东大学, 2013.

［238］ 刘长天, 李庆亮, 李英杰, 等. 调质石灰石循环捕集 CO_2 反应特性 ［J］. 山东大学学报 (工学版), 2013, 43 (3): 82~86.

［239］ Dai Q X, Ma L P, Yan B, et al. Purification of calcium oxide in phosphogypsum decomposition residue based on the sucrose-CO_2 method ［J］. Separation Science and Technology, 2015, 50 (4): 479~486.

［240］ Labgairi K, Jourani A, Kaddami M. An isothermal (30℃) study of heterogeneous equilibria in the sucrose ($C_{12}H_{22}O_{11}$) -calcium hydroxide ($Ca(OH)_2$) -water system ［J］. Fluid Phase Equilibria, 2011, 307 (1): 100~103.

［241］ Dobner S, Sterns L, Graff R A, et al. Cyclic calcination and recarbonation of calcined dolomite ［J］. Industrial & Engineering Chemistry Process Design and Development, 1977, 16 (4): 479~486.

［242］ Aihara M, Nagai T, Matsushita J, et al. Development of porous solid reactant for thermal-energy storage and temperature upgrade using carbonation/decarbonation reaction ［J］. Fuel & Energy Abstracts, 2011, 43 (4): 293~296.

［243］ Koirala R, Reddy G K, Smirniotis P G. Single nozzle flame-made highly durable metal doped Ca-based sorbents for CO_2 capture at high temperature ［J］. Energy & Fuels, 2012, 26 (5): 3103~3109.

［244］ Martavaltzi C S, Lemonidou A A. Development of new CaO based sorbent materials for CO_2 removal at high temperature ［J］. Microporous and Mesoporous Materials, 2008, 110 (1): 119~127.

［245］ Feng B, Liu W Q, Li X, et al. Overcoming the problem of loss-in-capacity of calcium oxide in CO_2 capture ［J］. Energy & Fuels, 2006, 20 (6): 2417~2420.

［246］ Luo C, Zheng Y, Ding N, et al. Enhanced cyclic stability of CO_2 adsorption capacity of CaO-based sorbents using La_2O_3 or $Ca_{12}Al_{14}O_{33}$ as additives ［J］. Korean Journal of Chemical Engineering, 2011, 28 (4): 1042~1046.

［247］ Lu H, Khan A, Pratsinis S E, et al. Flame-made durable doped-CaO nanosorbents for CO_2 capture ［J］. Energy & Fuels, 2009, 23 (2): 1093~1100.

［248］ Koirala R, Gunugunuri K R, Pratsinis S E, et al. Effect of zirconia doping on the structure and stability of CaO-based sorbents for CO_2 capture during extended operating cycles ［J］.

The Journal of Physical Chemistry C, 2011, 115 (50): 24804~24812.

［249］ Radfarnia H R, Iliuta M C. Development of zirconium-stabilized calcium oxide absorbent for cyclic high-temperature CO_2 capture [J]. Industrial & Egineering Cemistry Rsearch, 2012, 51 (31): 10390~10398.

［250］ Radfarnia H R, Iliuta M C. Metal oxide-stabilized calcium oxide CO_2 sorbent for multicycle operation [J]. Chemical Engineering Journal, 2013, 232: 280~289.

［251］ Wu S F, Zhu Y Q. Behavior of $CaTiO_3$/nano-CaO as a CO_2 reactive adsorbent [J]. Industrial & Engineering Chemistry Research, 2010, 49 (6): 2701~2706.

［252］ Lu H, Khan A, Pratsinis S E, et al. Flame-made durable doped-CaO nanosorbents for CO_2 capture [J]. Energy & Fuels, 2009, 23 (2): 1093~1100.

［253］ Zhao M, Yang X S, Church T L, et al. Novel $CaO-SiO_2$ sorbent and bifunctional Ni/Co-CaO/SiO_2 complex for selective H_2 synthesis from cellulose [J]. Environmental Science & Technology, 2012, 46 (5): 2976~2983.

［254］ Derevschikov V S, Lysikov A I, Okunev A G. High temperature CaO/Y_2O_3 carbon dioxide absorbent with enhanced stability for sorption-enhanced reforming applications [J]. Industrial & Engineering Chemistry Research, 2011, 50 (22): 12741~12749.

［255］ Luo C, Zheng Y, Yin J J, et al. Effect of support material on carbonation and sulfation of synthetic CaO-based sorbents in calcium looping cycle [J]. Energy & Fuels, 2013, 27 (8): 4824~4831.

［256］ Wang S P, Fan S S, Fan Lijing, et al. Effect of cerium oxide doping on the performance of CaO-based sorbents during calcium looping cycles [J]. Environmental Science & Technology, 2015, 49 (8): 5021~5027.

［257］ Huang C H, Chang K P, Yu C T, et al. Development of high-temperature CO_2 sorbents made of CaO-based mesoporous silica [J]. Chemical Engineering Journal, 2010, 161 (1~2): 129~135.

［258］ 高纪明, 肖汉宁, 杜海清. 纳米 Si_3N_4-SiC(Y_2O_3) 复合粉末的氨解溶胶-凝胶法合成 [J]. 硅酸盐学报, 1998 (5): 586~591.

［259］ 高纪明, 肖汉宁, 刘东明, 等. 溶胶-凝胶法制备纳米 Si_3N_4(Y_2O_3) 粉末的研究 [J]. 无机材料学报, 1997 (4): 499~504.

［260］ 刘德启. 利用木素-SiO_2 凝胶制备稀土催化剂及对蒽醌废水处理的研究 [J]. 环境污染治理技术与设备, 2005 (9): 32~35.

［261］ 马啸尘, 尹洪峰, 张军战, 等. 以木屑为碳源制备氮化硅粉体的研究 [J]. 耐火材料, 2015 (1): 31~35.

［262］ Zhou Y, Liu Q, Zhou H, et al. Yttrium Oxide-assisted CRN synthesis of silicon oxynitride powders with controlled morphology [J]. Journal of the American Ceramic Society, 2013, 96 (11): 3650~3655.

［263］ 马啸尘, 尹洪峰, 张军战, 等. 木屑种类对 SiO_2 碳热还原氮化法制备氮化硅粉体的影响 [J]. 耐火材料, 2015, 49 (2): 96~100.

［264］ Vlasova M V, Bartnitskaya T S, Sukhikh L L, et al. Mechanism of Si_3N_4 nucleation during carbothermal reduction of silica [J]. Journal of Materials Science, 1995, 30 (20): 5263~5271.

[265] 李虹, 黄莉萍. 碳热还原法制备氮化硅粉体的反应过程分析 [J]. 无机材料学报, 1996, 2: 241~246.

[266] 陈宏, 穆柏春, 李辉, 等. 碳热还原氮化制备氮化硅粉体反应条件研究 [J]. 粉末冶金技术, 2010, 28 (1): 43~47.

[267] 陈宏, 纳米 Si_3N_4 粉末制备技术及研究 [D]. 锦州: 辽宁工业大学, 2007.

[268] 叶大伦. 实用无机物热力学数据手册 [M]. 北京: 冶金工业出版社, 2002.

[269] 李亚伟, 张忻, 田海兵, 等. 硅粉直接氮化反应合成氮化硅研究 [J]. 硅酸盐通报, 2003, (1): 30~34.

[270] Weimer A W, Eisman G A, Susnitzky D W, et al. Mechanism and kinetics of the carbothermal nitridation synthesis of α-silicon nitride [J]. Journal of the American Ceramic Society, 1997, 80 (11): 2853~2863.

[271] 胡易成, 李三妹, 陕绍云, 等. 碳热还原法制备氮化硅的研究进展 [J]. 硅酸盐通报, 2012, 31 (5): 1165~1169.

[272] Ortega A, Alcalá M D, Real C. Carbothermal synthesis of silicon nitride (Si_3N_4): Kinetics and diffusion mechanism [J]. Journal of Materials Processing Technology, 2008, 195 (1~3): 224~231.

[273] 张俊宝, 雷廷权, 温广武, 等. 氮氧化硅合成研究进展 [J]. 材料科学与工艺, 2001, 9 (4): 434~441.

[274] 闫玉华, 欧阳世翕, 王思青, 等. 用天然石英粉制备氮氧化硅粉末 [J]. 中国有色金属学报, 1997, 4: 84~87.

[275] 胡易成. 钙基 CO_2 吸附剂循环吸附性能研究 [D]. 昆明: 昆明理工大学, 2014.

[276] Liu W Q, Low Nathanael W I, Feng B, et al. Calcium precursors for the production of CaO sorbents for multicycle CO_2 capture [J]. Environmental Science & Technology, 2010, 44 (2): 841~847.

[277] Zhou Z M, Qi Y, Xie M M, et al. Synthesis of CaO-based sorbents through incorporation of alumina/aluminate and their CO_2 capture performance [J]. Chemical Engineering Science, 2012, 74 (22): 172~180.

[278] Martavaltzi Christina S, Lemonidou Angeliki A. Development of new CaO based sorbent materials for CO_2 removal at high temperature [J]. Microporous & Mesoporous Materials, 2008, 110 (1): 119~127.

[279] Feng B, Liu W Q, Li X, et al. Overcoming the problem of loss-in-capacity of calcium oxide in CO_2 capture [J]. Energy & Fuels, 2006, 20 (6): 2417~2420.

[280] And Diego Alvarez, Abanades J. Carlos. Determination of the critical product layer thickness in the reaction of CaO with CO_2 [J]. Industrial & Engineering Chemistry Research, 2005, 44 (15): 5608~5615.

[281] Wang S, Fan S, Fan L, et al. Effect of cerium oxide doping on the performance of CaO-based sorbents during calcium looping cycles [J]. Environmental Science & Technology,

2015, 49 (8)：5021~5027.

[282] 再协.《2020 年全国大、中城市固体废物污染环境防治年报》[J]. 中国资源综合利用, 2021, 4.

[283] 俞海, 王勇, 张永亮. 我国城镇化、环境污染及其风险识别 [J]. 环境与可持续发展, 2017, 42 (6)：7~13.

[284] 叶峰. 固体废弃物的危害及处理技术探讨 [J]. 环境与发展, 2017, 29 (5)：233~234.

[285] 兰培强. 磷石膏反应结晶制备纳米 $CaCO_3$ 及其用作 CO_2 捕集 [D]. 杭州：浙江大学, 2014.

[286] 牛佳宁, 张登峰, 金悦, 等 电石水解制备复合钙基吸附剂及其循环吸附 CO_2 的特性 [J]. 过程工程学报, 2014, 14 (2)：340~344.

[287] Chen H C, Zhao C S, Yu W W. Calcium-based sorbent doped with attapulgite for CO_2 capture [J]. Applied Energy, 2013, 112：67~74.

[288] Chen H C, Wang F, Zhao C S, et al. The effect of fly ash on reactivity of calcium based sorbents for CO_2 capture [J]. Chemical Engineering Journal, 2017, 309：725~737.

[289] Ridha Firas N, Manovic Vasilije, Macchi Arturo, et al. High-temperature CO_2 capture cycles for CaO-based pellets with kaolin-based binders [J]. International Journal of Greenhouse Gas Control, 2012, 6：164~170.

[290] 何善传. CaO/氮化硅 CO_2 吸附剂的制备及循环吸附性能研究 [D]. 昆明：昆明理工大学, 2017.

[291] 李芹超. 硅酸锂的制备及其高温吸收 CO_2 的性能研究 [D]. 昆明：昆明理工大学, 2011.

[292] Florin N H, Harris A T. Reactivity of CaO derived from nano-sized $CaCO_3$ particles through multiple CO_2 capture-and-release cycles [J]. Chemical Engineering Science, 2009, 64 (2)：187~191.

[293] Liu S L, Guo W L, Xu T, et al. Performance of Li_2O-CaO absorbent for CO_2 adsorption [J]. Chemical Industry and Engineering Progress, 2012, 2.

[294] 刘思乐, 郭瓦力, 田旭, 等. 响应面法优化 Li_2O-CaO 吸附剂吸附 CO_2 的工艺条件 [J]. 天然气化工 (C1 化学与化工), 2012, 37 (1)：9~12.

[295] Nikulshina V, Galvez M E, Steinfeld A 1. Kinetic analysis of the carbonation reactions for the capture of CO_2 from air via the $Ca(OH)_2$-$CaCO_3$-CaO solar thermochemical cycle [J]. Chemical Engineering Journal, 2007, 129 (1~3)：75~83.